U0321804
Anshunsaurus
Metriorhynchus
Dinocephalosaurus
Californosaurus
Ceresiosaurus
Chaohusaurus
Plotosaurus
Eretmosaurus
Placodus
Rhomaleosaurus
Mixosaurus
Clidastes
Ophthalmosaurus
Askeptosaurus
Plioplatecarpus
Brachauchenius
Psephochelys
Utatsusaurus
Plioplatecarpus
yuanensis
Cymbospondylus
Placochelys
Nothosaurus giganteus
Tylosaurus
Kronosaurus
Bishanopliosaurus
Hainosaurus
Kronosaurus
Psephochelys
Elasmosaurus
Cimoliasaurus
Muraenosaurus
Nothosaurus
Shastasaurus

献给：

法兰西科学院院士拿破仑一世（Napoléon Bonaparte）
感谢他为沧龙及古生物研究做出的巨大贡献

益鸟科学艺术

本书第 1 版、第 2 版曾荣获：

2013 年 1 月，本书第 1 版《少儿成长大百科：超级海龙全书》由湖南科技出版社出版发行。按照作者承诺，每两年会对本书做一次修订，将全球科学家关于史前水栖爬行动物的最新成果融入本书，以确保科普图书的严肃性。

2015 年 3 月，作者开始对本书进行全面修订，大量更新了史前水栖爬行动物的科学复原作品，并对编排方式作出重大调整，于 2016 年 3 月推出第 2 版《PNSO 儿童百科全书：水怪的秘密》，由中国大百科全书出版社出版发行。

2017 年 7 月，根据读者的意见反馈，优化视觉设计，于 2018 年 11 月推出第 3 版《PNSO 儿童百科全书：水怪的秘密》，由云南美术出版社出版。

在此衷心感谢为本书第 1、2、3 版出版付出努力的编辑团队和出版社，使本书自出版后收获了众多社会荣誉，我们唯有更加努力，方能不负读者期望。

PNSO儿童百科全书
水怪的秘密

赵闯 / 绘　杨杨 / 文

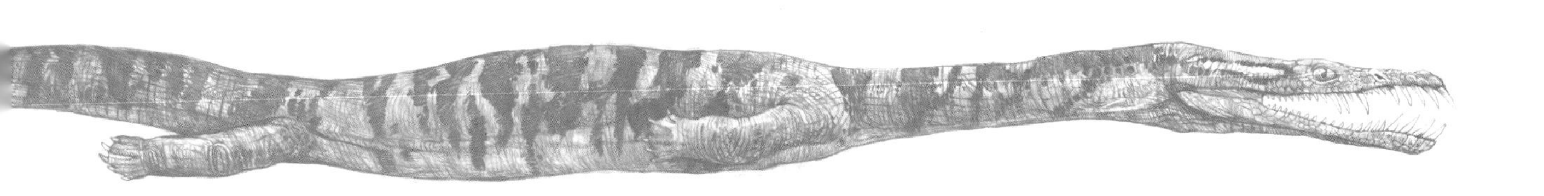

云南出版集团
云南美术出版社

推荐序（原文）

I am a paleontologist at one of the world's great museums. I get to spend my days surrounded by dinosaur bones. Whether it is in Mongolia excavating, in China studying, in New York analyzing data or anywhere on the planet writing, teaching or lecturing, dinosaurs are not only my interest, but my livelihood.

Most scientists, even the most brilliant ones, work in very closed societies. A system which, no matter how hard they try, is still unapproachable to average people. Maybe it's due to the complexities of mathematics, difficulties in understanding molecular biochemistry, or reconciling complex theory with actual data. No matter what, this behavior fosters boredom and disengagement. Personality comes in as well and most scientists lack the communication skills necessary to make their efforts interesting and approachable. People are left being intimidated by science. But dinosaurs are special- people of all ages love them. So dinosaurs foster a great opportunity to teach science to everyone by taping into something everyone is interested in.

That's why YANG Yang and ZHAO Chuang are so important. Both are extraordinarily talented, very smart, but neither are scientists. Instead they use art and words as a medium to introduce dinosaur science to everyone from small children to grandparents- and even to scientists working in other fields!

ZHAO Chuang's paintings, sculptures, drawings and films are state of the art representations of how these fantastic animals looked and behaved. They are drawn from the latest discoveries and his close collaboration with leading paleontologists. YANG Yang's writing is more than mere description. Instead she weaves stories through the narrative, or makes the descriptions engaging and humorous. The subjects are so approachable that her stories can be read to small children, and young readers can discover these animals and explore science on their own. Through our fascination with dinosaurs, important concepts of geology, biology and evolution are learned in a fun way. ZHAO Chuang and YANG Yang are the world's best and it is an honor to work with them.

Mark Norell

国际著名古生物学家
美国自然历史博物馆古生物部主任
啄木鸟科学艺术小组英文出版项目审稿人
马克·诺瑞尔博士
为赵闯和杨杨系列作品所作的推荐序

（译文）

我是一个古生物学家，在可能是世界上最好的博物馆里工作。不管是在蒙古科考挖掘，还是在中国学习交流，或只是在纽约研究相关数据，我的生活中总是充满了各种恐龙的骨头。恐龙已经不仅仅是我的兴趣，而是我生命的一部分，在这个地球的每一个角落陪伴着我一起学习、一起演讲、一起传授知识。

许多科学家都在一个封闭的环境中工作。复杂的数学公式，难以理解的分子生物化学，还有那些应用于繁复理论的数据……这是一个无论科学家们多努力也无法让普通人理解的工作环境，加上大多数科学家缺乏与公众交流的本领，无法让他们的研究成果以一种有趣而平易近人的方式表达出来。久而久之，人们开始产生距离感，进而觉得科学无聊乏味。恐龙却是一个特例，不管什么年龄层的人都喜欢恐龙，这就让恐龙成为大众科普教育的一个绝佳题材。

这就是赵闯和杨杨的工作如此重要的原因。他们两位极具天赋、充满智慧，但他们并没有去做职业科学家。他们运用艺术和文字作为传递的媒介，把恐龙的科学知识普及给世界上的所有人——孩子、父母、祖父母，甚至其他科学领域的科学家们！

赵闯的绘画、雕塑、素描以及电影在体现恐龙这种奇妙生物上已经达到了极高的艺术境界。他与古生物学家保持着紧密的联系，并基于最新的古生物科学报告以及论文进行创作。杨杨的文字已经超越了单纯的科普描述，她将幽默的故事交织于科普知识中，让其表现的主题生动而灵活，尤其适合小读者们进行自主阅读，发掘其中有趣的科学秘密。基于孩子们对恐龙这种生物的热爱，其他重要的科学概念，包括地理、生物、进化都可以被快乐地学习。

赵闯和杨杨是世界一流的科学艺术家，能与他们一起工作是我的荣幸。

自序

这个世界不仅有我们，还有它们

——致小读者的爸爸妈妈们

我坐在院子的树荫下写这篇文章，树上的知了正“知了……知了”地叫个不停。大约是从春末开始，它们就这样每天愉快地叫着。愉快？当然了，我很少能见到它们，它们不是躲在黑漆漆的土里等待长大，就是趴在树上，过着隐居的生活。可是，我根本不必见到它们，只听一听近在耳边的叫声，便知道它们乐和着生活在跟我们一样的世界里。

女儿正在地上追着一只蚂蚁爬来爬去，她咯咯的笑声有时会打断我。她碰到被前一夜的风刮落的叶子，便拾起来举到我面前。我告诉她那是落叶，是从树上掉下来的。一会儿，她又抓起一瓣玫红色的月季花瓣，作势要往嘴里塞，我说那是花儿，花儿不能吃。她刚刚学会爬行不久，还不会说话，也许她也听不懂我说的话。所以她也不认识蚂蚁、树叶和花儿，但是她喜欢它们，看着它们咯咯地笑，就像看到我一样。对她来说，蚂蚁、树叶和花儿，同爸爸妈妈、叔叔阿姨没有多大的区别，她对这些和她一起出现在这个世界上的生命都充满好奇。

我都不太记得像我们这些大人们是从什么时候开始渐渐失去这样的好奇的，是从什么时候开始变得看不到其他生命，傲慢地觉得地球上大抵只有我们人类是最重要的，因为我们主宰着这个地球。

这可真有点好笑，如果没有其他的生命，人类也支撑不了多久就会消亡，但是我们并不习惯这样想。我们习惯于这样理解其他的生命：鸡是一种美味的食物，可以做成烤鸡、熏鸡等；牛身上的肉很好吃，具有很高的营养价值……我们常常被灌输这样的知识，于是自私傲慢的态度常常在不经意之间就会流露出来也就不难理解了。

我常常会想到这样的问题，所以一直想给孩子们写一套关于其他生命的百科书。这套百科书不会像写给大人的百科书一样，重要的笔墨都在告诉你一种生命它有多长、多高、多重，它不会是数据的堆砌，不是知识的罗列，它会像是午后的知了，你看不到它却能听到它的叫声；它也会像是女儿追赶的蚂蚁，你不认识它，却能和它像朋友一样相处。这个世界对于孩子来说一切都还是新鲜的，他们想知道除了自己，除了家人，除了幼儿园的老师和同学，这个世界上还有什么？他们想知道除了家，除了幼儿园，除了自己生活的城市，这个世界还有多大？他们想知道，除了现在，除了他们能记住的过去，这个世界还有多远？他们的好奇是打开整个世界的钥匙，他们只需要我们不要在他们开锁时紧紧地把门堵上，剩下的一切，他们都可以自己解决。

于是，这套讲述人类之外其他事物的《PNSO 儿童百科全书》，只是想要告诉即将读到它的孩子们，这个世界不仅有我们，还有它们。“它们”也许是其他生命，也许是人类想象的其他美妙事物。总之，它们是一种客观上的存在，无论是在人类的普遍生活之中亦或是珍贵的精神生活之中。

知道它们的存在，不是一种知识，而是一种力量，能让我们心里的世界变得从未有过的宽广。从此，我们便不会因为无知而傲慢，不会因为一点小事而计较，不会因为眼前的利益而牵绊远行的脚步……不想自私，不想狭隘，不想畏惧，我们尊重每一个生命，因为它们同我们一起，曾经或正在分享着这个世界。而世界是如此之大，我们需要相互陪伴着前行。

很多时候，是一个正咿呀学语的孩子在不断地提醒我，保持生命之初的好奇是多么重要，它能让我们谦卑地在更广阔的世界中行走。我希望，你们接下来陪伴孩子一起阅读的时光，正是葆有他强烈好奇的过程，希望你们陪伴着他一同寻找那个更宽广的世界。

2015 年 8 月于北京

沧龙类化石

目 次

002 推荐序

004 自序

014 阅读说明

016 可怕的史前水栖爬行动物

018 宝贵的化石

020 正文

176 索引

178 参考文献

182 作者信息

化石目录

007 沧龙类化石

013 蛇颈龙类化石

021 薄片龙化石

022 澄江渝州上龙化石

091 长鼻北碚鳄化石

093 帝鳄化石

115 沧龙类化石

117 沧龙上颌骨化石

143 离片齿龙化石

145 鱼龙化石

正文内容目录

020 本书涉及鳍龙超目主要古生物化石产地分布示意图
022 本书涉及鳍龙超目主要古生物中生代地质年代表

海龙目

024 深海的游泳健将阿氏开普吐龙
027 生活低调的安顺龙

楯齿龙目

028 像大海龟一样的龟龙
030 不擅游泳的中国豆齿龙
033 长壳的楯齿龙
035 砾甲龙——藤壶你要等我哦！
036 砾甲龟龙——我的午餐在哪里呀？

真鳍龙类

039 捕鱼的幻龙
040 巨幻龙——最大的幻龙
043 鸥龙——最小的幻龙之一
044 生活在三叠纪贵州海洋中的兴义鸥龙
046 壳龙捕食肿肋龙
048 纯信龙捕杀乌贼
050 云贵龙——它在努力地适应水中的生活
052 桨龙——“划桨”健将
054 像海象的海鳗龙
056 三尖股龙——它的大腿骨有三个尖
058 白垩龙——它的亲戚好少啊！
060 彪龙——它有一个神奇的鼻子
062 蛇颈龙——脖子很长，尾巴很短
064 长有恐怖牙齿的隐锁龙
066 克柔龙捕杀轰龙

068 能看见立体图像的猎章龙
070 聪明的薄片龙
072 和海王龙擦身而过的神河龙
074 生活在淡水中的璧山上龙
076 泥泳龙——上龙家族的小不点儿
078 克柔龙——可怕的海洋霸主
080 短颈龙——它伴随了蛇颈龙家族的消亡
082 双臼椎龙捕杀菊石
084 滑齿龙捕杀美扭椎龙
086 喜欢淡水的渝州上龙
088 长刃龙——海洋里的百米赛跑冠军
090 本书涉及主龙类主要古生物化石产地分布示意图
092 本书涉及主龙类主要古生物中生代地质年代表

原蜥科

094 长颈龙——它的脖子真的很长
097 恐头龙——水中的“吸尘器”

副鳄形类

098 拥有血盆大口的达克龙
100 帝鳄攻击似鳄龙
102 跑得很快的准噶尔鳄
104 生活在陆地上的犰狳鳄
106 地蜥鳄——没有防御能力的海生鳄类
109 喜欢吃鱼的北碚鳄

离龙类

110 喜欢生活在湖泊中的潜龙
113 在辽西很常见的满洲鳄

正文内容目录

114 本书涉及有鳞目主要古生物化石产地分布示意图
116 本书涉及有鳞目主要古生物中生代地质年代表

沧龙类

118 崖蜥——它可是猛兽沧龙的祖先哦！
120 安哥拉龙——沧龙家族的开创者之一
122 达拉斯蜥蜴——最小的沧龙类成员
124 扁掌龙——它能吞下比自己脑袋还要宽的猎物
126 怀孕的扁掌龙
128 硬椎龙——超级棒的游泳健将
131 嘴巴没办法张得更大的塞尔马龙
132 胃口超大的海诺龙
134 浮龙——最先进的海生爬行动物
136 沧龙捕食古海龟
139 海王龙捕食小沧龙
140 牙齿特别的球齿龙

142 本书涉及鱼龙超目主要古生物化石产地分布示意图
144 本书涉及鱼龙超目主要古生物中生代地质年代表

鱼龙超目

146 鱼龙——它为我们展示最神秘的海洋生活
148 在水中舞蹈的歌津鱼龙
150 大眼睛的巢湖龙
152 萨斯特鱼龙——它是最大的鱼龙吗？
154 贝萨诺鱼龙——它们的族群遍布世界各地
156 加利福尼亚鱼龙——它的背上长出了背鳍
158 三叠纪海洋世界的霸主杯椎鱼龙
160 长有菱形尾鳍的混鱼龙
162 黔鱼龙捕食小鱼
164 肖尼鱼龙——海洋中的潜水艇
166 跃出水面的狭翼鱼龙
168 神剑鱼龙——拥有像箭一样的嘴巴
170 真鼻鱼龙——海洋中的武士
172 拥有超大眼睛的大眼鱼龙
175 捕食古海龟的扁鳍鱼龙

蛇颈龙类化石

阅读说明

1 本书涉及水怪的地质年代表

（只有单只无背景水怪有此地质年代表）

2 本书的比例尺：50 厘米、1 米、5 米、25 米

本书的参照物：篮球、爸爸、妈妈、男孩、女孩、大巴车、客机

本书的水怪大小图示：水怪剪影（水怪尺寸小于比例尺 1 个单位时）、水怪轮廓

距今年代（百万年）	252.17 ±0.06	~247.2	~237	201.3 ±0.2	174.1 ±1.0
世	早三叠世	中三叠世	晚三叠世	早侏罗世	中侏罗世
纪	三叠纪			侏罗纪	
代					
宙					

比例尺、参照物、水怪大小示意图的应用颜色

深色背景的应用色值：C0 M0 Y0 K80 

浅色背景的应用色值：C0 M0 Y0 K20

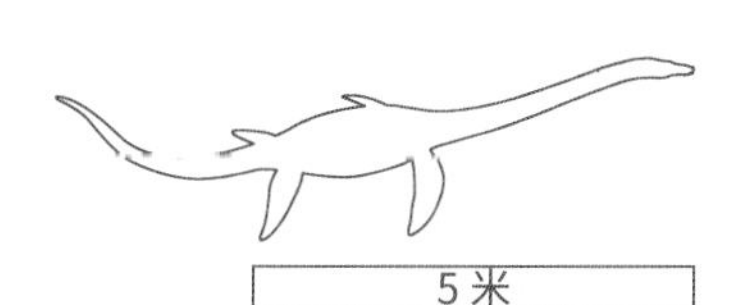

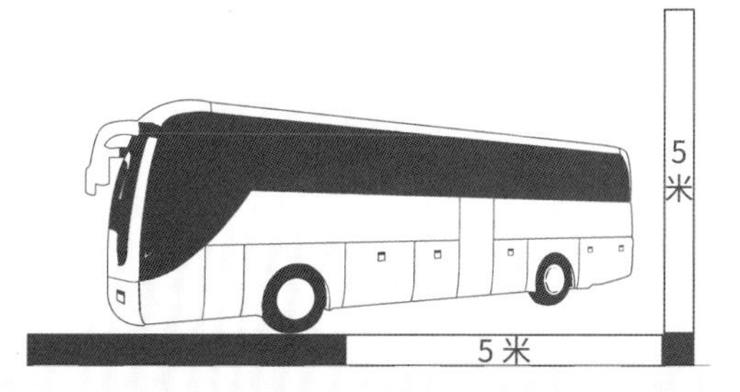

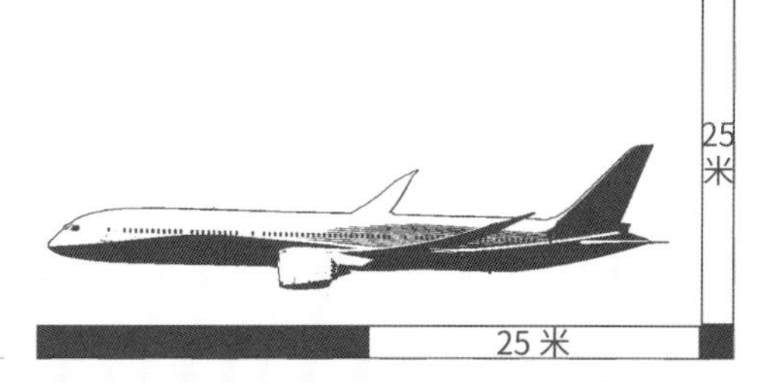

~145.0	100.5	66.0
晚侏罗世	早白垩世	晚白垩世
	白垩纪	
中生代		
显生宙		

可怕的史前水栖爬行动物

大海浩瀚而神秘，似乎没有一个人不喜欢它。我们常常投身大海的怀抱，在那里游泳，或是在岸边戏水，可即便是这样，我们也只能享受到海水从身体上滑过时冰凉的感觉，那些隐藏在大海中最神秘的家伙，我们完全看不到。

那些神秘的家伙是谁？当然是居住在大海中的居民。可怕的鲨鱼，可爱的海豚，

慢吞吞的海龟，各式各样的鱼类等，不过，这些我们都还是有机会见到。我现在要说的是那些体长 20 多米的海生爬行动物；既会走路又会游泳的鳄鱼；与海龟很像，但却比它们凶猛百倍的动物；一口吃得下恐龙的家伙……你一定觉得奇怪，就算是能在大海里潜水，你也从没见过它们。没错，因为它们生活在亿万年前，而且因为大约 6600 万年前地球上发生的一次大灭绝事件，它们全都消失了。它们的名字叫作史前水栖爬行动物。它们中有一些并不生活在海洋中，而是生活在淡水里。它们是水中有史以来最强大的统治者，在数量和体型上都达到了极致。它们在很短的时间内，从只吃小鱼小虾的小个子，成长为体型庞大的可怕“杀手”，成为无与伦比的水域霸主。

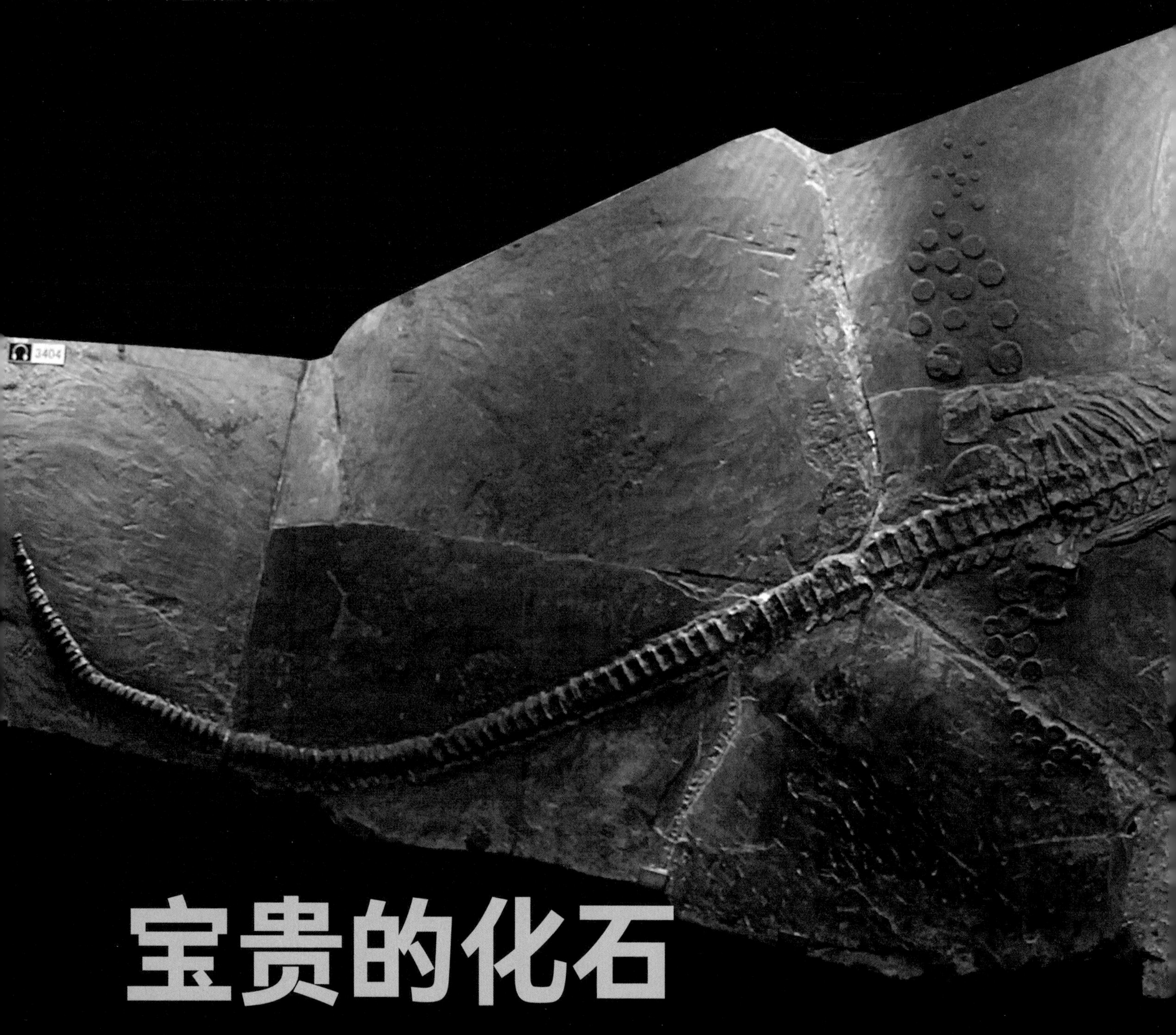

宝贵的化石

史前水栖爬行动物已经灭绝了，可是我们现在仍然对它们有很多了解，这完全得益于它们宝贵的化石。

史前水栖爬行动物的化石非常难得，因为它们终生生活在水中，一旦死去，它们的骨骼也很快被分解，甚至留不下一丝痕迹。即使偶然有幸运者能够迅速被泥沙掩埋，经过很长很长时间形成化石，也因为一直被埋在水底而无人知晓。

所以，目前科学家所发现的史前水栖爬行动物化石，基本上都是因为它们生活的水域环境现在已经变成了陆地，化石被埋在地下的缘故。

就是因为这些化石，我们才能重建它们的形象以及它们生存的世界。现在，就让我们乘坐这艘用纸做的“潜水艇”，深入水里，看看这些霸主的真实面貌吧！

本书涉及鳍龙超目
主要古生物化石产地分布示意图

编绘机构：PNSO 啄木鸟科学艺术小组

027 安顺龙 *Anshunsaurus*
化石产地：亚洲，中国

030 中国豆齿龙 *Sinocyamodus*
化石产地：亚洲，中国

036 砾甲龟龙 *Psephochelys*
化石产地：亚洲，中国

044 兴义鸥龙 *Lariosaurus xingyiensis*
化石产地：亚洲，中国

050 云贵龙 *Yunguisaurus*
化石产地：亚洲，中国

074 璧山上龙 *Bishanopliosaurus*
化石产地：亚洲，中国

086 渝州上龙 *Yuzhoupliosaurus*
化石产地：亚洲，中国

056 三尖股龙 *Trinacromerum*
化石产地：北美洲，美国

058 白垩龙 *Cimoliasaurus*
化石产地：北美洲、欧洲、大洋洲

070 薄片龙 *Elasmosaurus*
化石产地：北美洲，美国

072 神河龙 *Styxosaurus*
化石产地：北美洲，美国

080 短颈龙 *Brachauchenius*
化石产地：北美洲、南美洲

082 双臼椎龙 *Polycotylus*
化石产地：北美洲、亚洲、大洋洲

024 阿氏开普吐龙 *Askeptosaurus*
化石产地：欧洲，意大利、瑞士

028 龟龙 *Placochelys*
化石产地：欧洲，德国

033 楯齿龙 *Placodus*
化石产地：欧洲、亚洲

035 砾甲龙 *Psephoderma*
化石产地：欧洲

039 幻龙 *Nothosaurus*
化石产地：欧洲、亚洲

040 巨幻龙 *Nothosaurus giganteus*
化石产地：欧洲

043 鸥龙 *Lariosaurus*
化石产地：欧洲、亚洲

046 壳龙 *Ceresiosaurus*
化石产地：欧洲，瑞士

048 纯信龙 *Pistosaurus*
化石产地：欧洲，德国、法国

052 桨龙 *Eretmosaurus*
化石产地：欧洲，英国

054 海鳗龙 *Muraenosaurus*
化石产地：欧洲，英国、法国

060 彪龙 *Rhomaleosaurus*
化石产地：欧洲，英国

062 蛇颈龙 *Plesiosaur*
化石产地：欧洲，英国、德国

064 隐锁龙 *Cryptoclidus*
化石产地：欧洲、亚洲、南美洲

076 泥泳龙 *Peloneustes*
化石产地：欧洲，英国

084 滑齿龙 *Liopleurodon*
化石产地：欧洲、亚洲

088 长刃龙 *Macroplata*
化石产地：欧洲

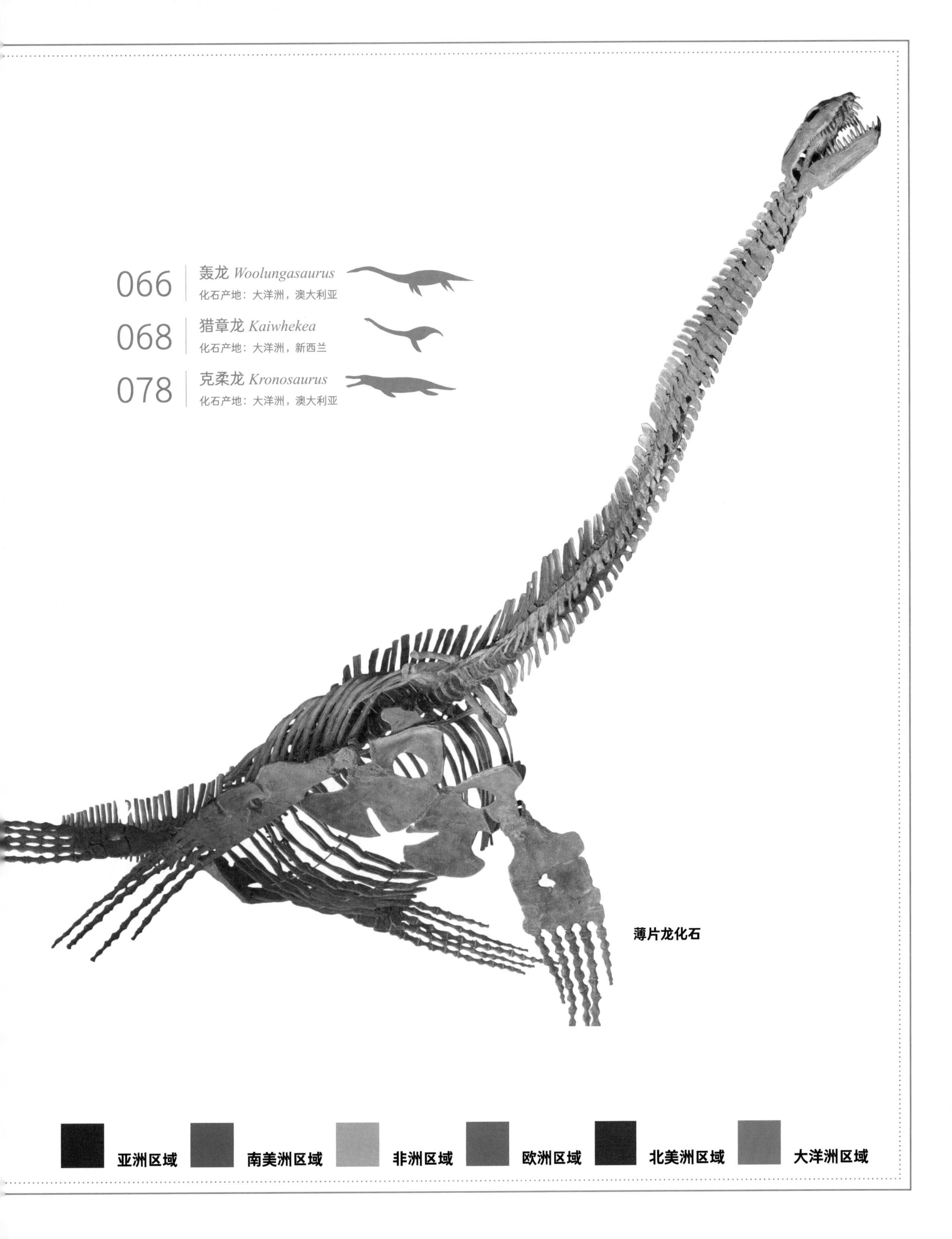

066 | 轰龙 *Woolungasaurus*
化石产地：大洋洲，澳大利亚

068 | 猎章龙 *Kaiwhekea*
化石产地：大洋洲，新西兰

078 | 克柔龙 *Kronosaurus*
化石产地：大洋洲，澳大利亚

薄片龙化石

亚洲区域　南美洲区域　非洲区域　欧洲区域　北美洲区域　大洋洲区域

本书涉及鳍龙超目

主要古生物中生代地质年代表

编绘机构：PNSO 啄木鸟科学艺术小组

024 阿氏开普吐龙 *Askeptosaurus*
生存年代：三叠纪

027 安顺龙 *Anshunsaurus*
生存年代：三叠纪

028 龟龙 *Placochelys*
生存年代：三叠纪

030 中国豆齿龙 *Sinocyamodus*
生存年代：三叠纪

033 楯齿龙 *Placodus*
生存年代：三叠纪

035 砾甲龙 *Psephoderma*
生存年代：三叠纪

036 砾甲龟龙 *Psephochelys*
生存年代：三叠纪

039 幻龙 *Nothosaurus*
生存年代：三叠纪

040 巨幻龙 *Nothosaurus giganteus*
生存年代：三叠纪

043 鸥龙 *Lariosaurus*
生存年代：三叠纪

044 兴义鸥龙 *Lariosaurus xingyiensis*
生存年代：三叠纪

046 壳龙 *Ceresiosaurus*
生存年代：三叠纪

048 纯信龙 *Pistosaurus*
生存年代：三叠纪

050 云贵龙 *Yunguisaurus*
生存年代：三叠纪

052 桨龙 *Eretmosaurus*
生存年代：三叠纪

054 海鳗龙 *Muraenosaurus*
生存年代：侏罗纪

060 彪龙 *Rhomaleosaurus*
生存年代：侏罗纪

062 蛇颈龙 *Plesiosaur*
生存年代：侏罗纪

064 隐锁龙 *Cryptoclidus*
生存年代：侏罗纪

074 璧山上龙 *Bishanopliosaurus*
生存年代：侏罗纪

076 泥泳龙 *Peloneustes*
生存年代：侏罗纪

084 滑齿龙 *Liopleurodon*
生存年代：侏罗纪

086 渝州上龙 *Yuzhoupliosaurus*
生存年代：侏罗纪

088 长刃龙 *Macroplata*
生存年代：侏罗纪

距今年代（百万年）	252.17 ±0.06	~247.2	~237	201.3 ±0.2	174.1 ±1.0	16… ±…
世	早三叠世	中三叠世	晚三叠世	早侏罗世	中侏罗世	
纪	三叠纪			侏罗纪		
代						
宙						

056 三尖股龙 *Trinacromerum*
生存年代：白垩纪

058 白垩龙 *Cimoliasaurus*
生存年代：白垩纪

066 轰龙 *Woolungasaurus*
生存年代：白垩纪

068 猎章龙 *Kaiwhekea*
生存年代：白垩纪

070 薄片龙 *Elasmosaurus*
生存年代：白垩纪

072 神河龙 *Styxosaurus*
生存年代：白垩纪

078 克柔龙 *Kronosaurus*
生存年代：白垩纪

080 短颈龙 *Brachauchenius*
生存年代：白垩纪

082 双臼椎龙 *Polycotylus*
生存年代：白垩纪

澄江渝州上龙化石

~145.0　100.5　66.0

晚侏罗世　早白垩世　晚白垩世

白垩纪

中生代

显生宙

深海的游泳健将
阿氏开普吐龙

阿氏开普吐龙是一种非常能适应海洋生活的动物，它的身体又瘦又长，看上去就像一条鳗鱼，游泳的本领不错。它的眼睛又大又圆，视力很好，能自由地在深海活动。它的眼睛周围有骨环，能够防止巨大的水压把眼球压碎。不过，尽管如此，阿氏开普吐龙有时候也会到陆地上走走，特别是它要产蛋的时候。

Askeptosaurus
阿氏开普吐龙

体型：体长约 2 米

食性：鱼类

生存年代：三叠纪

化石产地：欧洲，意大利、瑞士

生活低调的
安顺龙

一只安顺龙踏着倒入水中的枯树干，欣赏周围的风光，它的生活总是这么惬意。

安顺龙是低调生活的家伙，它们有足够的能力去争取霸主的地位，可是它们并没有这么做，宁愿和鱼龙家族分享着美好的海洋世界。

安顺龙身体修长，有一条长长的像船桨一样的尾巴，为安顺龙的前行提供足够的动力。

Anshunsaurus
安顺龙

体型：体长约 3.5 米

食性：鱼类等

生存年代：三叠纪

化石产地：亚洲，中国

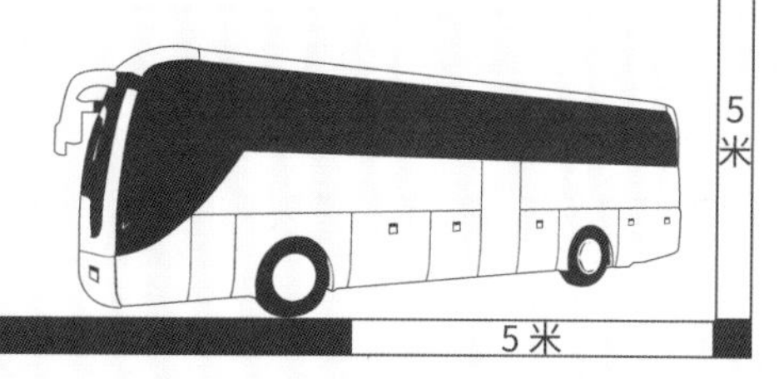

像大海龟一样的
龟龙

如果不和你说这是一只远古的生物，你一定会以为它就是一只大海龟，因为它看上去和海龟非常像。

它叫龟龙，背上长着宽宽的像盾牌一样的背壳，上面还分布着一些像钉子一样的突起。龟龙的吻部坚硬，几乎没有牙齿，很像鸟喙，便于它啄食那些虾、蟹和带壳的贝类。它的鳍状肢也和海龟很像，不过它有明显的脚趾。

Placochelys
龟龙

体型：体长约 0.9 米
食性：虾、蟹等
生存年代：三叠纪
化石产地：欧洲，德国

1米
1米

不擅游泳的
中国豆齿龙

中国豆齿龙很特别，即使是在豆齿龙家族，它也是另类成员。它的背甲是一整块，而不是通常的分为两半。它的前肢光秃秃的，不像其他成员一样被甲片完全覆盖。

中国豆齿龙的体型很小，腹部没有甲片，有一条很长的尾巴。它的游泳技术并不好，只能在近岸的浅水里生活，捕食一些甲壳类动物。

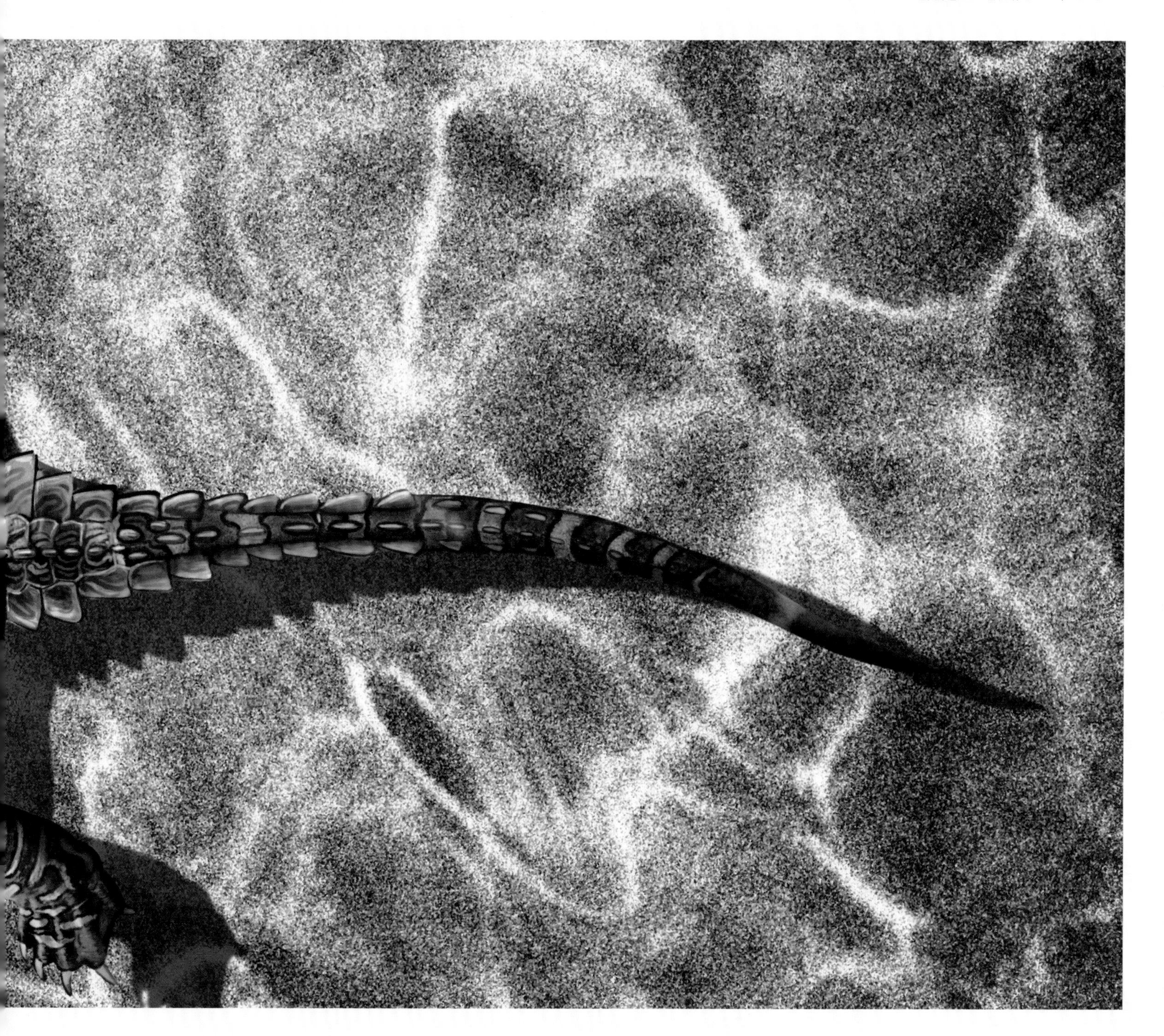

Sinocyamodus
中国豆齿龙

体型：体长 0.5 米

食性：贝类

生存年代：三叠纪

化石产地：亚洲，中国

长壳的
楯齿龙

楯齿龙虽然生活在水中，但是终究没能进化出更加适合水中生活的鳍状肢，而只是靠着脚蹼和扁尾巴一类的小玩意儿，享受了一段时间的水中生活。不过，奇特的是，它们倒是长出了硬硬的壳，这对于行动缓慢的楯齿龙来说实在是太有用了，它们终于不用惧怕那些迅猛快捷的掠食者了。

Placodus
楯齿龙

体型：体长约 2 米

食性：软体动物、腕足动物、甲壳类等

生存年代：三叠纪

化石产地：欧洲、亚洲

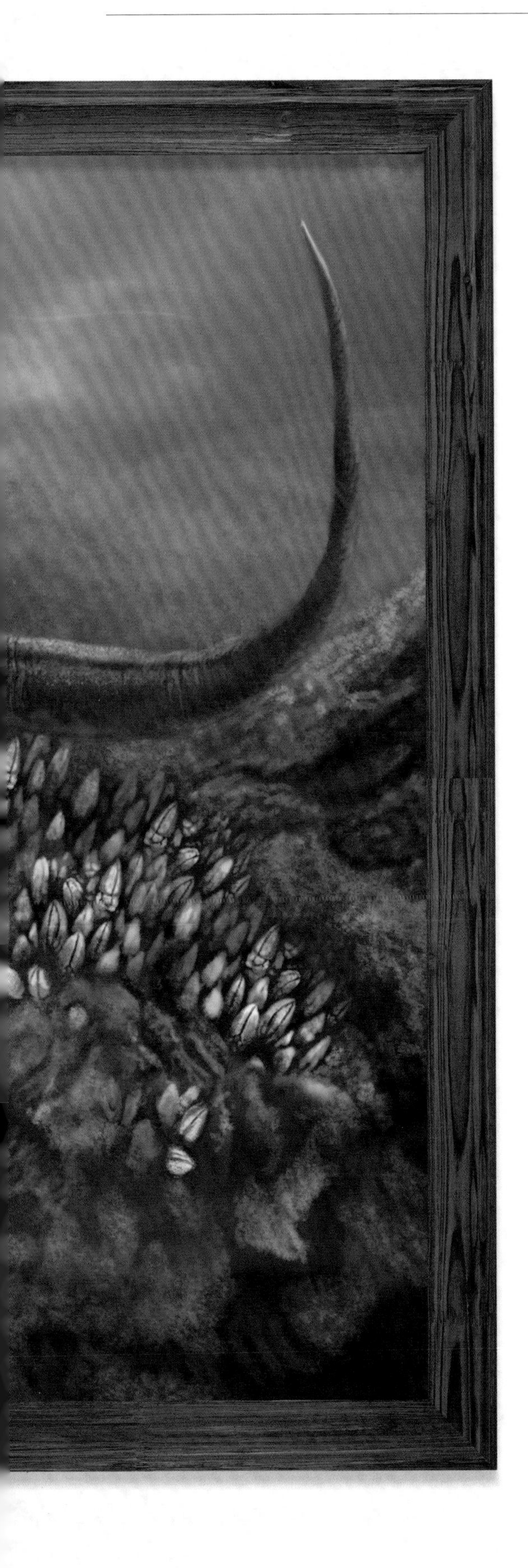

砾甲龙——藤壶你要等我哦！

砾甲龙的体型很大，身长能够达到 1.8 米，但是它的游泳水平却一般。不过它可没有放弃，它在一遍一遍地锻炼着自己的本领，以便更好地适应海洋生活！

现在，它正在用自己宽大的脚掌努力地一边爬一边游，想去吃它喜欢的藤壶。

Psephoderma
砾甲龙

体型：体长约 1.8 米
食性：软体动物等
生存年代：三叠纪
化石产地：欧洲

砾甲龟龙——
我的午餐在哪里呀？

午餐的时间到了，可是砾甲龟龙的午饭还没着落，它在水中慢吞吞地一边游一边爬，四处寻觅。它也想自己能像邻居们那样飞快地在水中划动，那样它的肚子就不至于饿得咕咕叫了，可是它并不是一个游泳健将。不过，它可不是没有优点——它不用担心自己因为行动缓慢而被掠食者攻击，它背部的甲板和腹部的腹肋都在牢牢地保护着它。

Psephochelys
砾甲龟龙

体型：体长约 0.6 米

食性：贝类等

生存年代：三叠纪

化石产地：亚洲，中国

捕鱼的幻龙

幻龙是最早进入海洋的一批海生爬行动物，它们大部分时间生活在海里，捕捉头足动物、鱼和小爬虫等，偶尔也会爬到陆地上透透气。不过要是到了繁殖季节，它们便会到海滩上产卵。

幻龙的指（趾）间长有蹼，通过摆动带蹼的四肢和尾巴来推动自己前进。

Nothosaurus 幻龙

体型：体长 4 ～ 6 米

食性：鱼类等

生存年代：三叠纪

化石产地：欧洲、亚洲

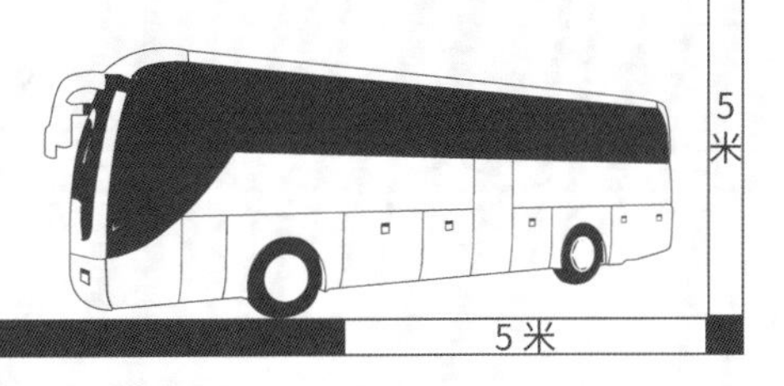

巨幻龙——最大的幻龙

巨幻龙是幻龙属的一种，因为体型巨大而得名，是幻龙家族中最大的物种，体长能达到 6 米。

巨幻龙的化石发现于德国。目前发现的化石不是很多，而且比较零散。

Nothosaurus giganteus
巨幻龙

体型：体长约 6 米

食性：鱼类

生存年代：三叠纪

化石产地：欧洲

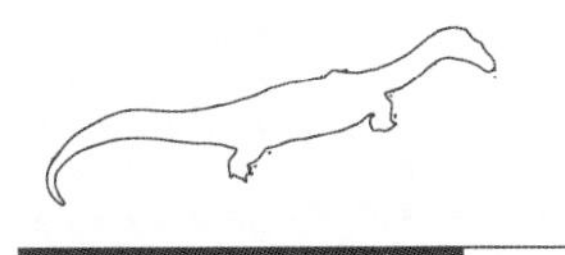

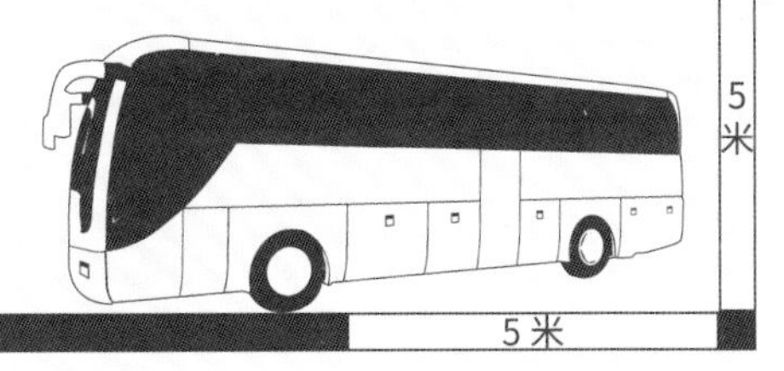

鸥龙——最小的幻龙之一

鸥龙是最小的幻龙类成员之一，体长只有 60 厘米。它的长相很奇特，前肢似乎比亲戚们要先进，已经进化成了鳍状肢，但是后肢却还保留有 5 个脚趾。这样的身体结构让它注定不能成为游泳健将，因此它大部分时间都待在干燥的陆地上，或者在浅水中捕食。

Lariosaurus

鸥龙

体型：体长 0.6 ～ 0.9 米

食性：鱼类

生存年代：三叠纪

化石产地：欧洲、亚洲

生活在三叠纪贵州海洋中的兴义鸥龙

兴义鸥龙的化石发现于贵州省兴义市，它是第一种在中国发现的鸥龙属成员。

兴义鸥龙看上去很像蜥蜴，脖子很长，而且很灵活，能在水中自由摆动，这让它在水中的运动较为迅速。

兴义鸥龙拥有众多尖利的牙齿，它们喜欢吃鱼。

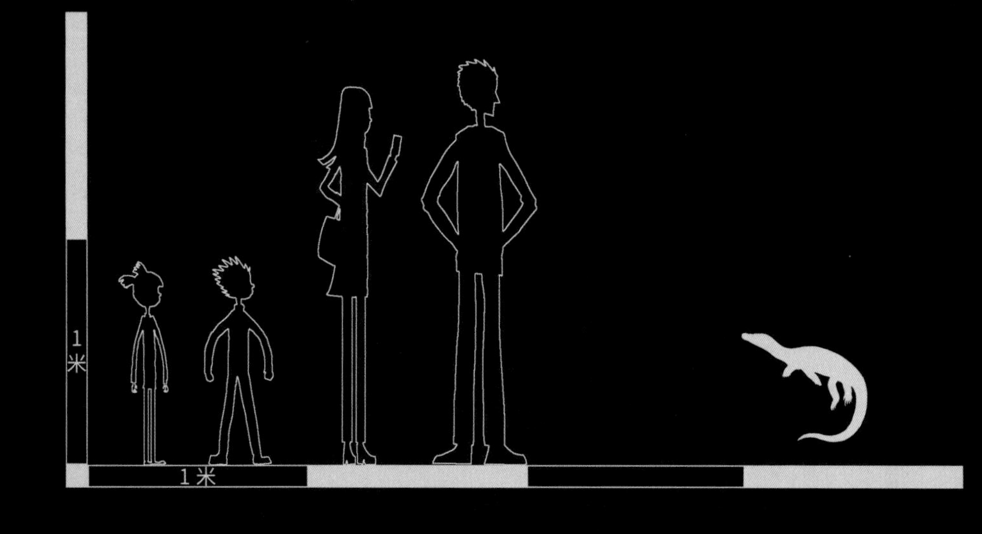

Lariosaurus xingyiensis 兴义鸥龙

体型：体长约 0.9 米

食性：鱼类等

生存年代：三叠纪

化石产地：亚洲，中国

壳龙
捕食肿肋龙

小肿肋龙长大了，它准备离开妈妈的怀抱单独去捕食。它在水中游啊游啊，终于发现了一群毫无防备的鱼。小肿肋龙高兴极了，它张开大嘴想要把这些小鱼吞到肚子里。突然，从它的身后蹿出来一只个头巨大的壳龙，它狠狠地咬住了小肿肋龙的脖子，任凭小肿肋龙怎么挣扎，都不松口。小肿肋龙吓得大叫起来！

小肿肋龙还不知道袭击它的这种身体修长、具有鳍状肢的幻龙类成员，是游泳的高手，它的出击速度很快，总是让猎物毫无防备。

Ceresiosaurus
壳龙

体型：体长约 4 米
食性：鱼类等
生存年代：三叠纪
化石产地：欧洲，瑞士

纯信龙
捕杀乌贼

一只纯信龙想要偷袭一只正在休息的乌贼，乌贼的体型很庞大，所以它没有选择进行正面较量，而想要偷袭。

可就在纯信龙悄悄靠近乌贼，以为自己马上就要成功的时候，乌贼突然紧紧地缠住了它。纯信龙吓坏了，拼命和乌贼扭打在一起。

战斗持续了很长时间，纯信龙才最终将乌贼制服。

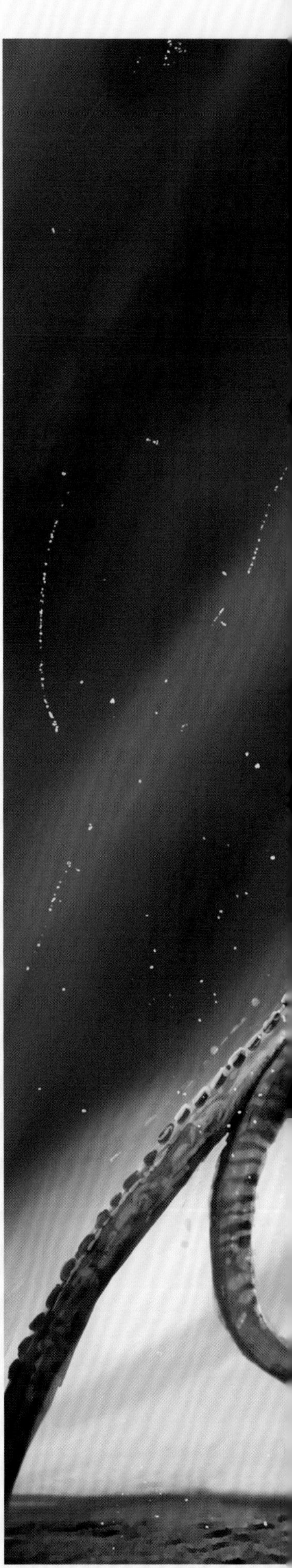

Pistosaurus
纯信龙

体型：体长约 3 米
食性：鱼类、乌贼等
生存年代：三叠纪
化石产地：欧洲，德国、法国

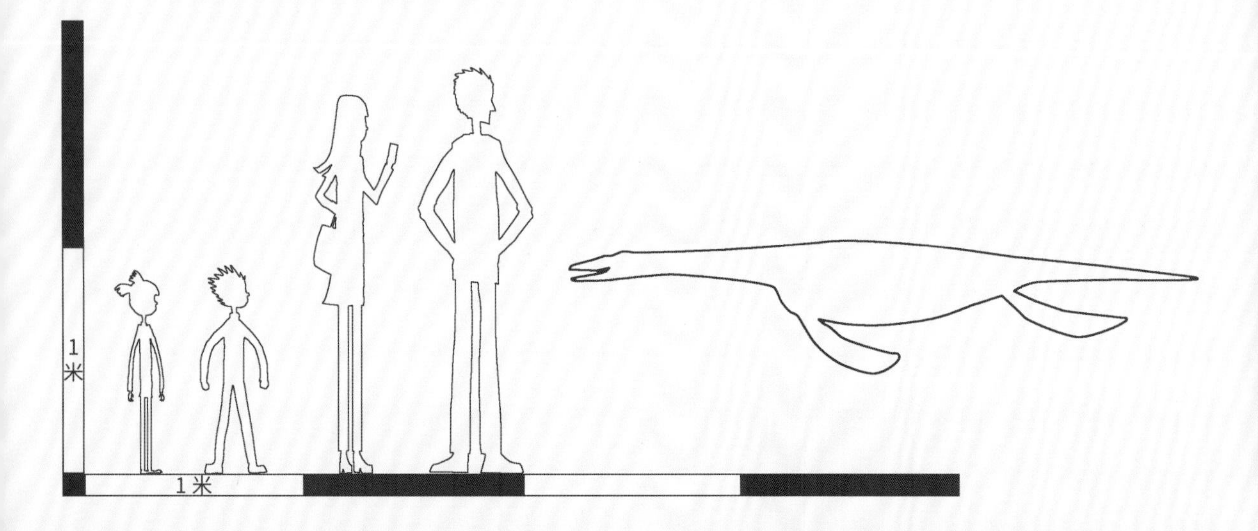

云贵龙——
它在努力地适应水中的生活

幻龙家族在水中生活的时间并不长，它们退出历史舞台后，将生命的接力棒交给了蛇颈龙家族。那是一种极为适应水中生活的动物，它们的家族非常繁盛，一直生活到白垩纪末期大灭绝来临。

云贵龙是幻龙类向蛇颈龙类进化的中间环节，它的长长的尾巴有些像幻龙，不过四肢已经和较为先进的蛇颈龙类很像了。

Yunguisaurus
云贵龙

体型：体长约 2 米

食性：鱼

生存年代：三叠纪

化石产地：亚洲，中国

~145.0 | 100.5 | 66.0

晚侏罗世 早白垩世 晚白垩世

白垩纪

中生代

显生宙

桨龙——
“划桨”健将

浆龙是生存年代最早的蛇颈龙类成员，身体修长，长有四个鳍状肢。人们在发现它的时候，觉得它的鳍状肢和船桨很像，而它应该也是依靠划桨的方式在水中前进的，于是就给它起名为桨龙。

Eretmosaurus
桨龙

体型：体长 4 ～ 5 米

食性：鱼

生存年代：三叠纪

化石产地：欧洲，英国

像海象的 海鳗龙

海鳗龙很像今天的海象，因为它和海象一样，也是半海生动物，既能够灵活地在海水中游泳，也能爬到岸上活动，生活的空间很大。

海鳗龙的捕食方式很有趣，它常常假装漫不经心地将头露出海面，在离海岸不远的地方游弋，但它的眼睛却始终警惕地盯着水面，一旦发现猎物，便来个突然袭击，将它们咬入嘴中。

Muraenosaurus
海鳗龙

体型：体长约 8 米

食性：鱼类、头足类等

生存年代：侏罗纪

化石产地：欧洲，英国、法国

三尖股龙——
它的大腿骨有三个尖

三尖股龙的化石发现于美国堪萨斯州。它的身长大约 3 米，长有 4 个鳍状肢，游泳的速度很快。三尖股龙喜欢吃小鱼，它那张血盆大口常常一下子就能捕食到一大群从它身边路过的鱼。

因为它的股骨（也就是大腿骨）有三个尖，所以科学家将它取名为三尖股龙。

距今年代（百万年）	252.17 ±0.06	~247.2	~237	201.3 ±0.2	174.1 ±1.0
世	早三叠世	中三叠世	晚三叠世	早侏罗世	中侏罗世
纪	三叠纪			侏罗纪	
代					
宙					

Trinacromerum
三尖股龙

体型：体长约 3 米

食性：小型鱼类

生存年代：白垩纪

化石产地：北美洲，美国

白垩龙——它的亲戚好少啊！

白垩龙的个子很大，体长能够达到 13 ～ 25 米。它的脖子很长，眼睛很大，能轻松地观察到猎物。白垩龙属于蛇颈龙家族中的白垩龙科，它的亲戚非常非常少。

Cimoliasaurus
白垩龙

体型：体长 13 ～ 25 米

食性：肉食

生存年代：白垩纪

化石产地：北美洲、欧洲、大洋洲

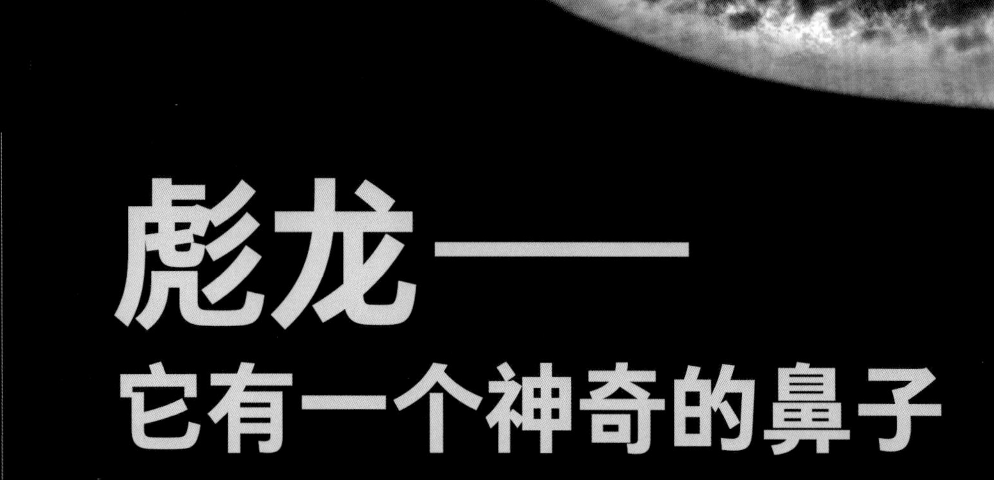

彪龙——
它有一个神奇的鼻子

彪龙的脑袋很大，脖子很短，不过这都不是它最特别的地方。它最神奇的地方是鼻子，它的鼻子能通过水流闻到四周生物的味道，比如说哪里有它最喜欢的食物，哪里有腐尸，哪里有它的同伴，哪里有敌人，这样它能很容易地捕食到猎物并避开敌人。

5米

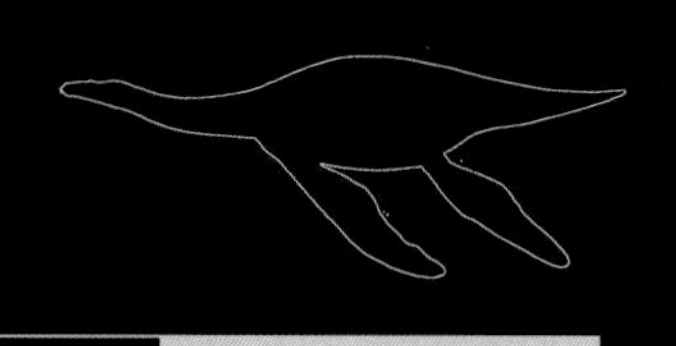

5米

Rhomaleosaurus
彪龙

体型：体长约 6 米

食性：鱼类等

生存年代：侏罗纪

化石产地：欧洲，英国

距今年代（百万年） 252.17 ±0.06 ~247.2 ~237 201.3 ±0.2 174.1 ±1.0

世：早三叠世 中三叠世 晚三叠世 早侏罗世 中侏罗世

纪：三叠纪 侏罗纪

代

宙

	~145.0	100.5	66.0
晚侏罗世	早白垩世	晚白垩世	
	白垩纪		
中生代			
显生宙			

Plesiosaur
蛇颈龙

体型：体长 3 ～ 5 米

食性：鱼、甲壳类等

生存年代：侏罗纪

化石产地：欧洲，英国、德国

蛇颈龙——脖子很长，尾巴很短

蛇颈龙是蛇颈龙家族中最有名的成员，但是它的游泳技术并没有想象中那么好。它的脖子很长，但是却不灵活，不能随意弯来弯去。它的尾巴很短，所以在游泳时派不上什么用场。好在它还有着强壮有力的鳍状肢，能够为它的前行提供足够的动力。

~145.0 100.5 66.0

晚侏罗世 早白垩世 晚白垩世

白垩纪

中生代

显生宙

5米
5米

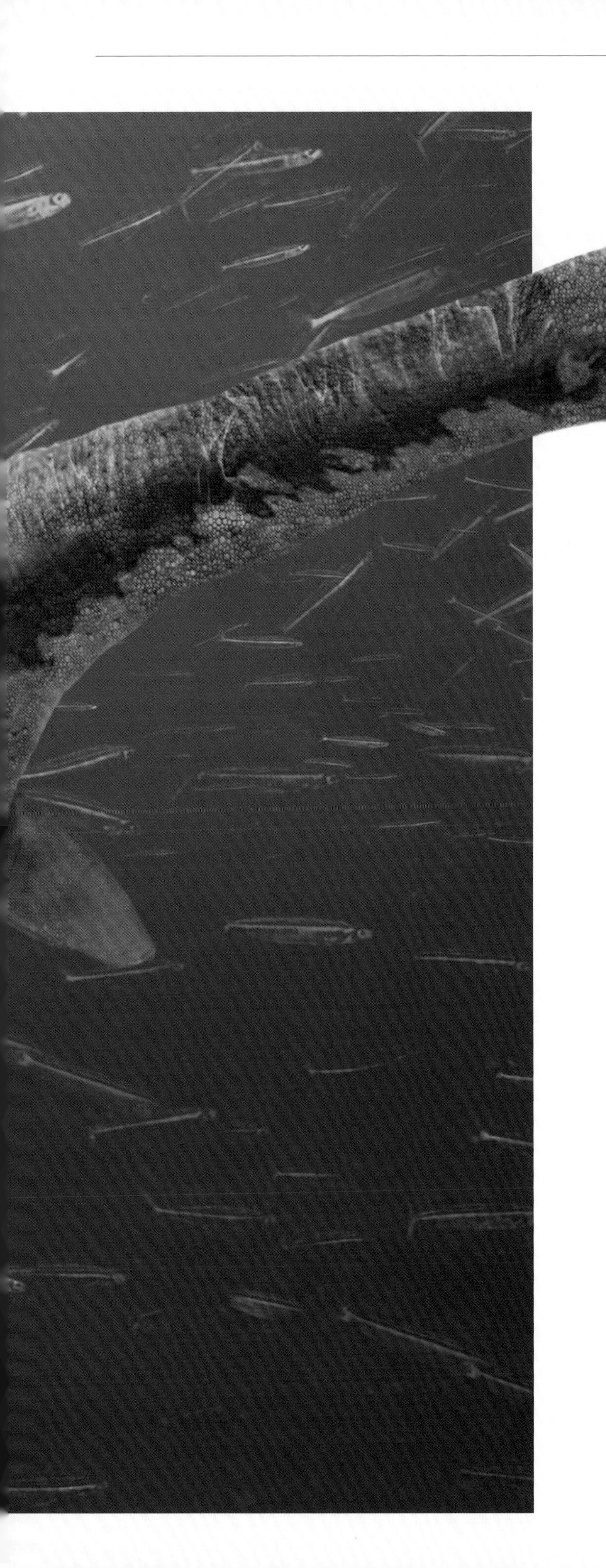

长有恐怖牙齿的 隐锁龙

隐锁龙可不是好对付的家伙，它的嘴里长有将近 100 颗恐怖的牙齿。即使是在它紧闭嘴巴的时候，这些牙齿也会向外龇出，上下交错在一起，非常可怕。

Cryptoclidus
隐锁龙

体型：体长约 8 米

食性：鱼类、软体动物

生存年代：侏罗纪

化石产地：欧洲、亚洲、南美洲

克柔龙捕杀
轰龙

一只轰龙正在水中觅食，可是食物还没到口，就被一只凶猛的克柔龙攻击了。虽然两者的体长相差不大，但是克柔龙明显要粗壮很多，它很轻松地就将轰龙细细的脖子和小小的脑袋咬在了嘴里。轰龙想要反抗，可是克柔龙锋利的牙齿却越发深深地刺入了它的皮肉。

Woolungasaurus
轰龙

体型：体长约 9.5 米

食性：鱼类

生存年代：白垩纪

化石产地：大洋洲，澳大利亚

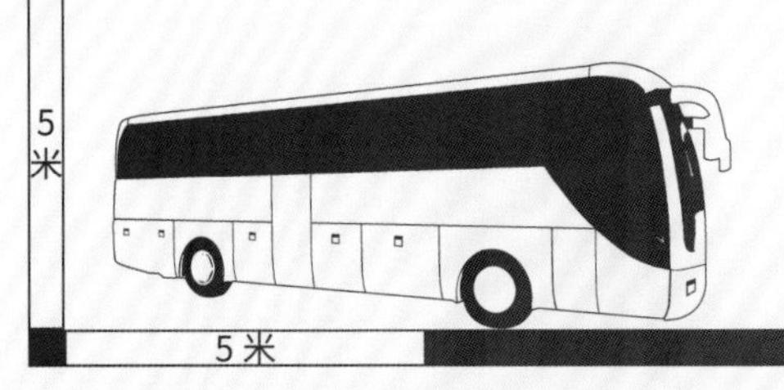

能看见立体图像的猎章龙

和人类一样，猎章龙也能看到立体图像，这可不是所有动物都能做到的。所以，它们总是喜欢在光线微弱的深海活动，敏锐的视觉让它们比那里的其他居民占据更大的优势。

猎章龙有大约 170 颗牙齿，虽然牙齿数量众多，但是那些牙齿又细又小，并不适合攻击猎物，只适合吃些小鱼和软体动物。

你瞧，它嘴巴里的那个倒霉鬼，正要被它狼吞虎咽地吞到肚子里！

Kaiwhekea 猎章龙

体型：体长约 7 米
食性：小鱼、软体动物等
生存年代：白垩纪
化石产地：大洋洲，新西兰

聪明的薄片龙

薄片龙有一个非常非常小的脑袋，这让它们完全没办法和凶猛的猎物对抗。但是它们非常聪明，常常采取特别的捕食方式：悄无声息地躲在离岸边不远的海水里，抬起高高的脖子，将脑袋露在

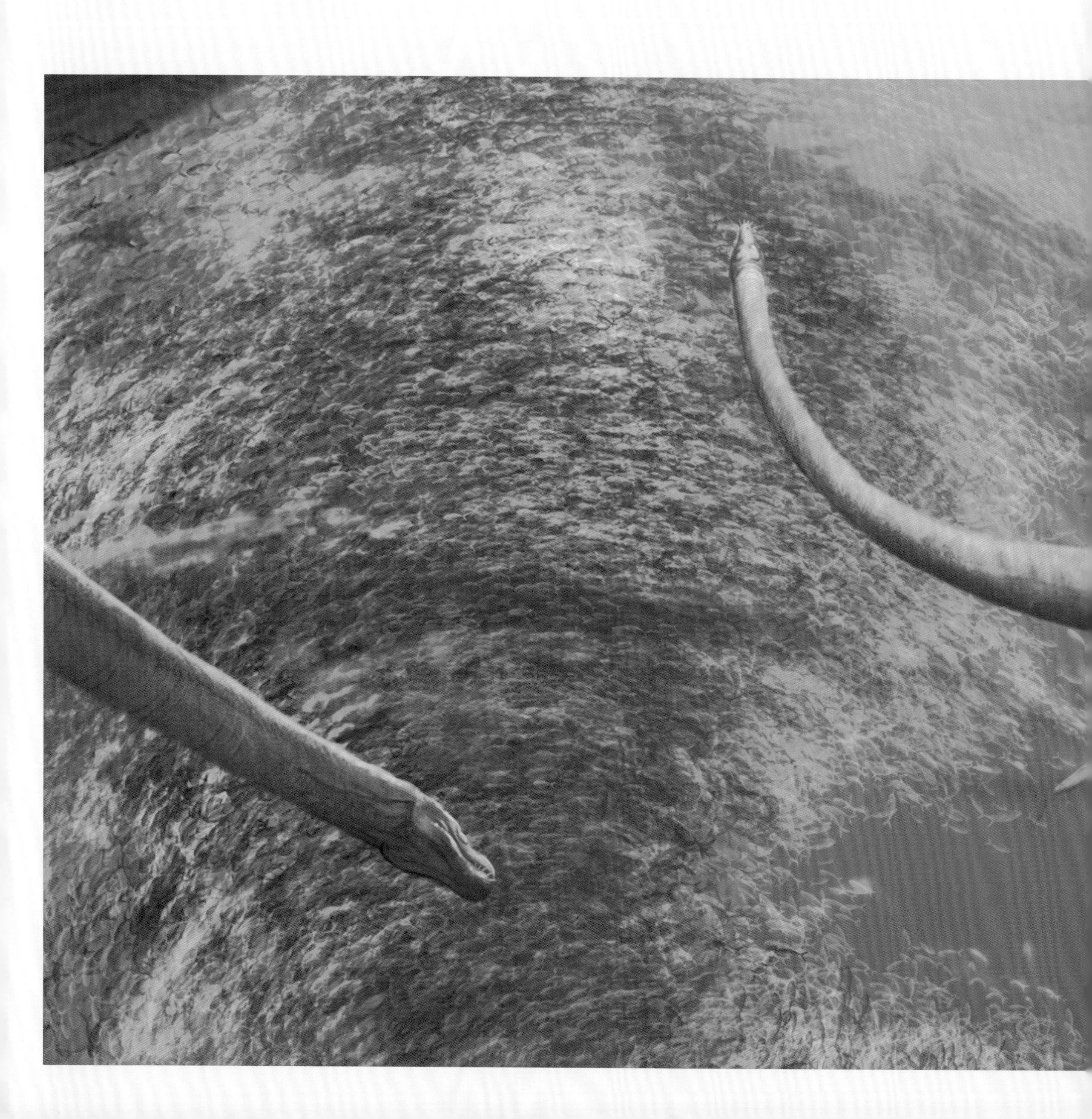

外面。它们小小的脑袋很难被猎物发现，可是它们敏锐的视力却能轻松地找到猎物——这正是它们想要的。一旦发现猎物，它们就突然压低脑袋，插入水中，把猎物牢牢压住。

Elasmosaurus
薄片龙

体型：体长约 14 米

食性：鱼类等

生存年代：白垩纪

化石产地：北美洲，美国

和海王龙擦身而过的
神河龙

神河龙从来没想过自己的处境会这么艰难，它体长 11 米，可不是个好欺负的家伙，但它还是遇到了麻烦——那只 15 米长的海王龙盯上了它。它们已经大战了好几个回合，神河龙气喘吁吁地左右闪躲。虽然这一刻它躲掉了海王龙那 50 颗锋利的牙齿，可它不知道下一秒还会不会这样走运！

神河龙属于蛇颈龙家族的薄板龙科，它的脖子相当长，大约占了身体的一半。在神河龙的一个标本中，科学家在其腹腔的位置发现了胃石。它们并不像有些植食恐龙要通过胃石来帮助消化，这些胃石是为了增加它们的重量，帮助它们在水中下沉的。

Styxosaurus
神河龙

体型：体长 11 ~ 12 米

食性：肉食

生存年代：白垩纪

化石产地：北美洲，美国

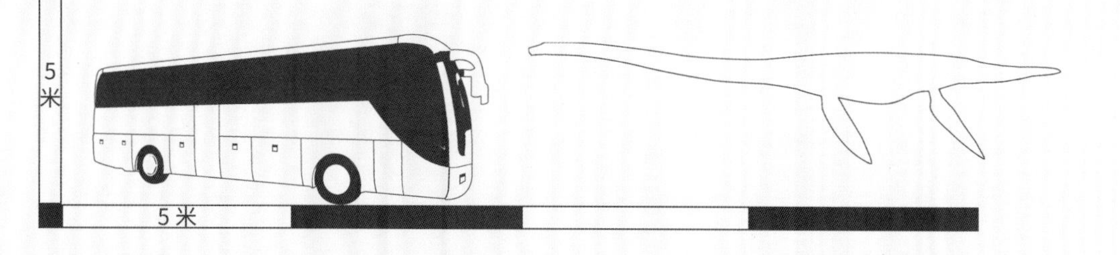

生活在淡水中的
璧山上龙

璧山上龙是一种脑袋很小的蛇颈龙类，身长大约 4 米，脖子比较长。

几乎所有的蛇颈龙类都生活在大海中，但是璧山上龙却生活在四川盆地的淡水中。所以科学家推测，那时候的四川盆地很可能与大海相通，璧山上龙就是顺着海水进入四川盆地的。

Bishanopliosaurus
璧山上龙

体型：体长约 4 米

食性：鱼等

生存年代：侏罗纪

化石产地：亚洲，中国

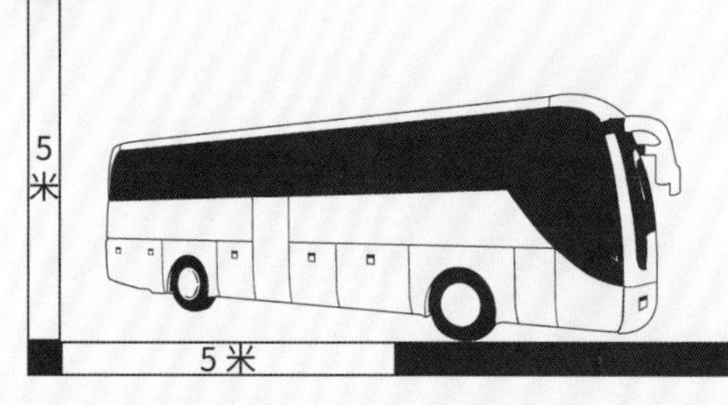

泥泳龙——上龙家族的小不点儿

泥泳龙属于蛇颈龙家族的上龙类，它的身长只有 3 米，是最小的上龙类之一。与拥有长脖子的蛇颈龙亚目成员不同，上龙类的脖子都很短。

别看泥泳龙的个子小，但它却是难得的游泳健将。你仔细看，它的后鳍要比前鳍大，这说明它的游泳速度是很快的。泥泳龙喜欢吃坚硬的食物，比如菊石。

距今年代（百万年）	252.17 ±0.06	~247.2	~237	201.3 ±0.2	174.1 ±1.0
世	早三叠世	中三叠世	晚三叠世	早侏罗世	中侏罗世
纪	三叠纪			侏罗纪	
代					
宙					

Peloneustes

泥泳龙

体型：体长约 3 米

食性：菊石等

生存年代：侏罗纪

化石产地：欧洲，英国

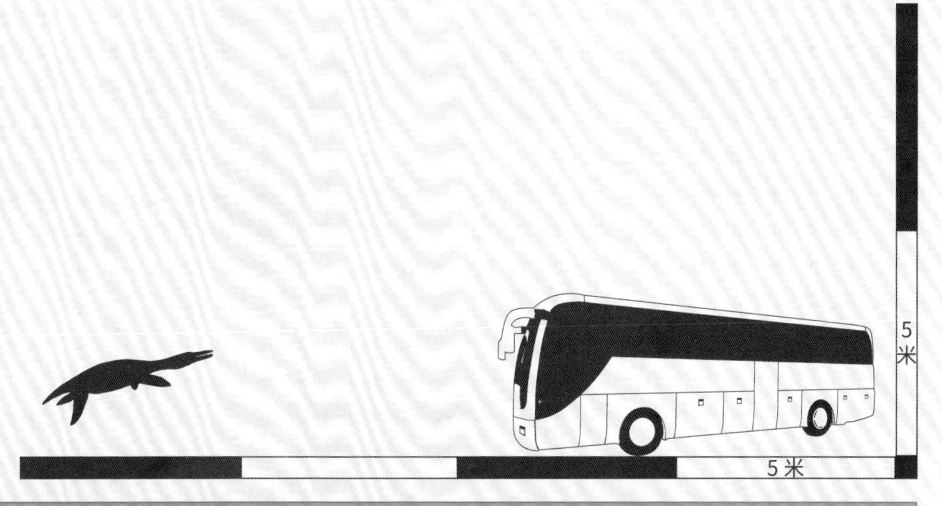

~145.0 100.5 66.0

晚侏罗世 早白垩世 晚白垩世

白垩纪

中生代

显生宙

克柔龙——可怕的海洋霸主

克柔龙和泥泳龙属于同一个家族，但是它们的体型相差很大。

克柔龙的体长 9 ～ 10 米，它长有超大的牙齿，这些牙齿长度超过了 7 厘米，再配合非常快的行进速度，它能够抓到一切它想要的猎物。它曾经一度被认为是最大的上龙家族成员，虽然现在这个位置已经被别的物种所取代了，但它依然是可怕的海洋霸主。

距今年代（百万年）	252.17 ±0.06	~247.2	~237	201.3 ±0.2	174.1 ±1.0	16 ±
世	早三叠世	中三叠世	晚三叠世	早侏罗世	中侏罗世	
纪	三叠纪			侏罗纪		
代						
宙						

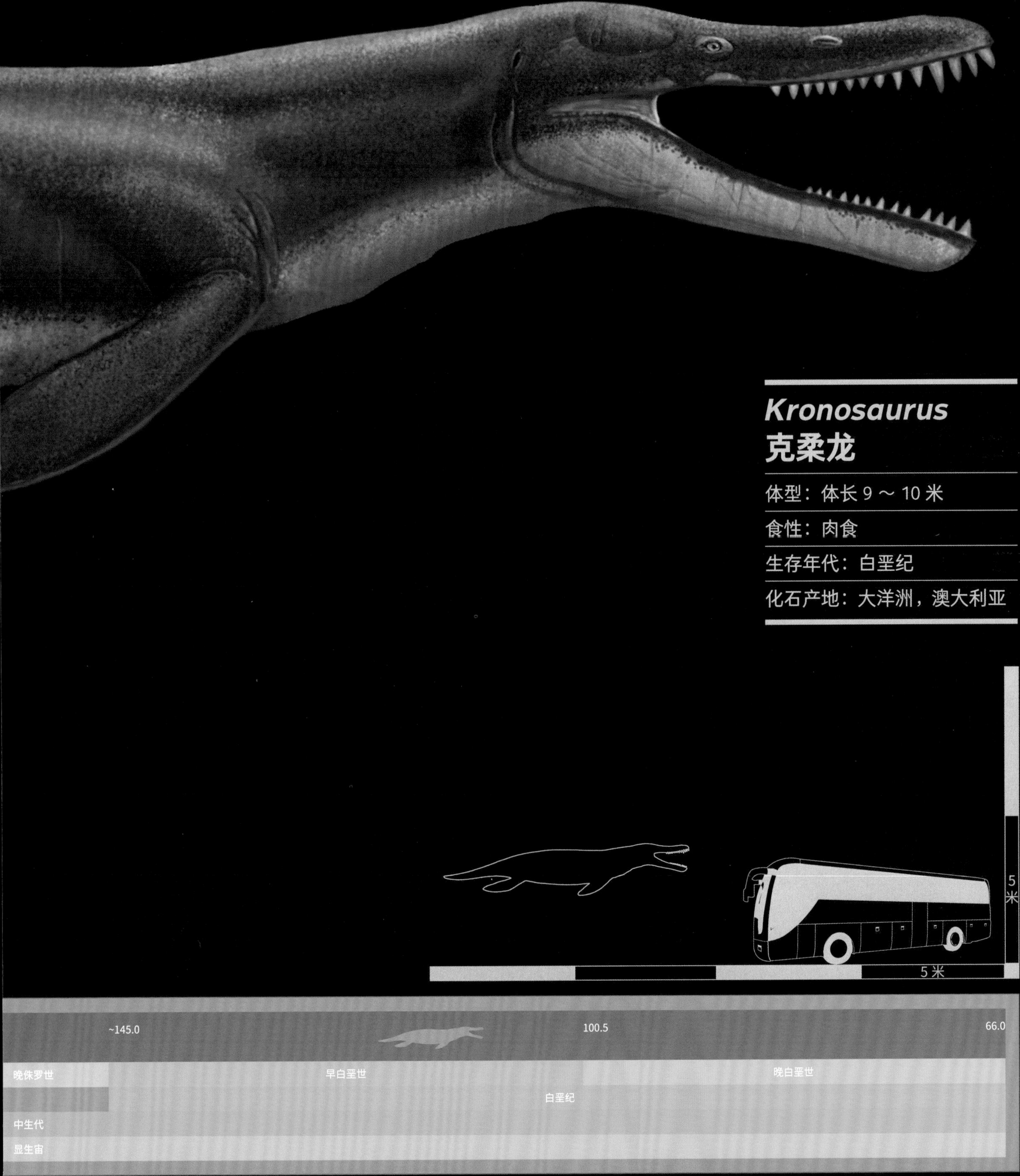
Kronosaurus
克柔龙
体型：体长 9 ～ 10 米
食性：肉食
生存年代：白垩纪
化石产地：大洋洲，澳大利亚
5米
5米
~145.0
100.5
66.0
晚侏罗世
早白垩世
晚白垩世
白垩纪
中生代
显生宙

25米

25米

Brachauchenius
短颈龙

体型：体长约 12 米

食性：肉食

生存年代：白垩纪

化石产地：北美洲、南美洲

短颈龙——它伴随了蛇颈龙家族的消亡

再厉害的生命都逃脱不了死亡。当身长达到 12 米的短颈龙出现的时候，它并不知道自己的命运会那么短暂。虽然短颈龙非常凶猛，但是它的威风不过是昙花一现罢了，不仅自己没生存多久就灭亡了，就连整个蛇颈龙家族都在那个时候走向了消亡。从它之后，蛇颈龙家族走向了衰落，直至最后彻底退出了生命舞台。

5 米

5 米

Polycotylus
双臼椎龙

体型：体长约 5 米

食性：鱼类等

生存年代：白垩纪

化石产地：北美洲、亚洲、大洋洲

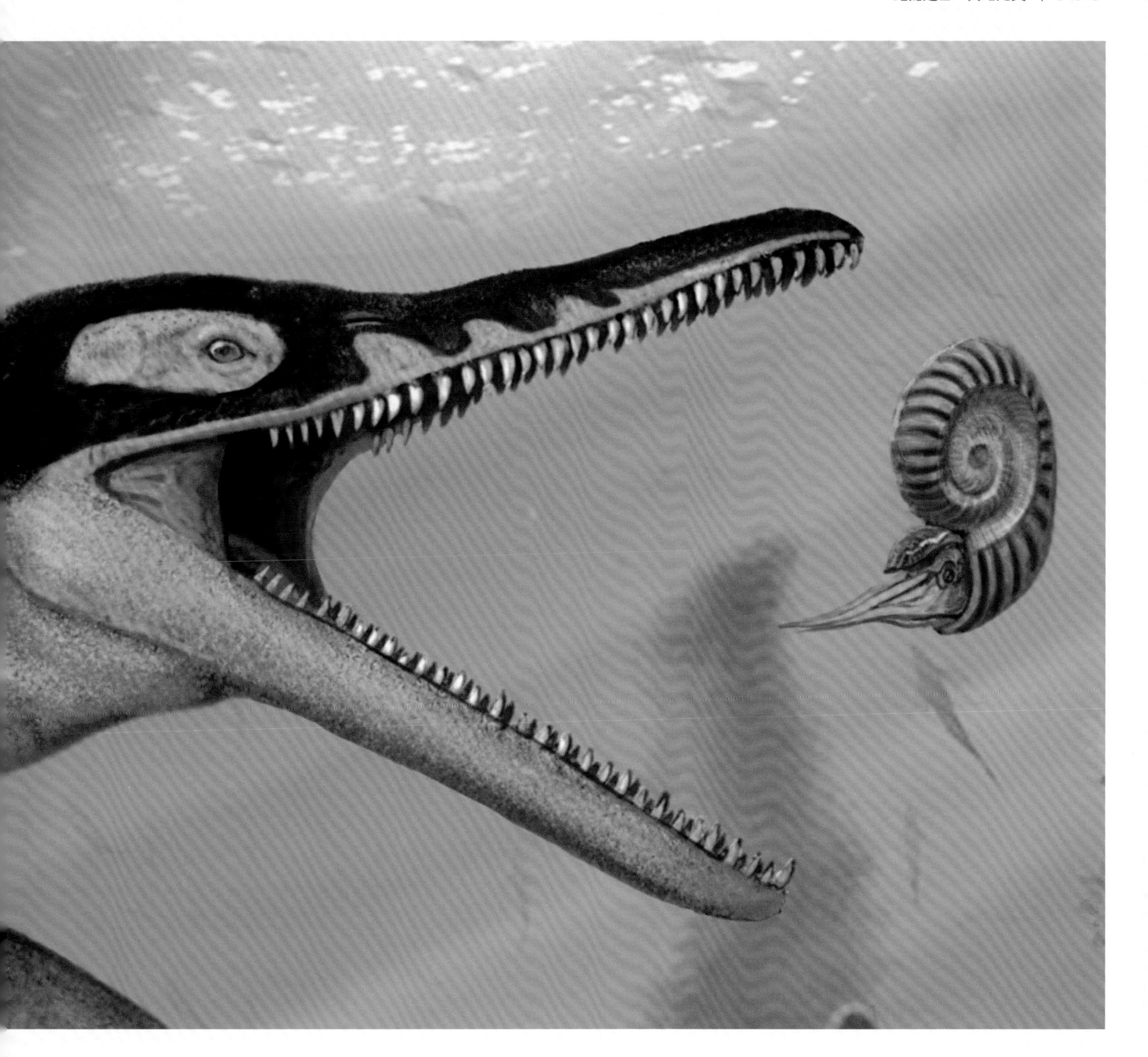

双臼椎龙
捕杀菊石

美丽的海洋总是上演弱肉强食的场景，一只双臼椎龙正在苦苦追捕一只娇小的菊石。

双臼椎龙的体型介于长脖子的蛇颈龙类和短脖子的上龙类之间，脑袋很大，背部很圆，脖子短而粗壮。它长有宽大的鳍状肢，是海里迅捷的掠夺者，不会放过任何抓捕猎物的机会。

滑齿龙
捕杀美扭椎龙

天气很热，美扭椎龙想到河边喝几口清凉的水。可它并不知道，水里正埋伏着一只体长达到 12 米的可怕的滑齿龙，它正优哉游哉地边休息边等待猎物上门。

滑齿龙的愿望很快就要实现了，因为美扭椎龙已经低下头准备享用河水了。滑齿龙一个挺身从河水中窜了出来，紧紧咬住了美扭椎龙，美扭椎龙再想反抗已经来不及了！

可怕的滑齿龙是上龙家族成员，它不仅是游泳的好手，还有极其灵敏的嗅觉，能通过鼻孔寻找特定气味的来源。

Liopleurodon
滑齿龙

体型：体长约 12 米
食性：肉食
生存年代：侏罗纪
化石产地：欧洲、亚洲

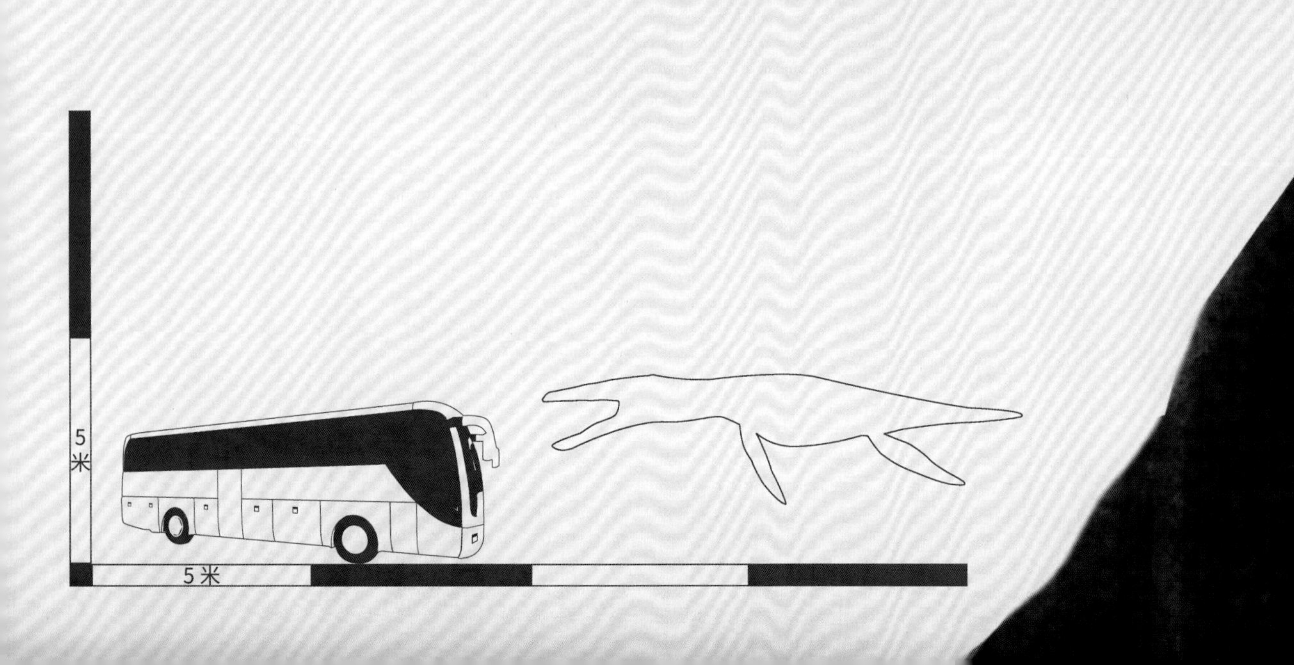

Yuzhoupliosaurus
渝州上龙

体型：体长约 4 米

食性：鱼类等

生存年代：侏罗纪

化石产地：亚洲，中国

喜欢淡水的 渝州上龙

并不是所有从陆地返回水域的爬行动物都生活在海里，渝州上龙就喜欢生活在淡水里。

渝州上龙体型中等，身长约为 4 米，有一条比较短的脖子。它捕食用的利器是 5 对大型的牙齿，以及 23 或 24 对较小型的牙齿。

长刃龙——
海洋里的百米赛跑冠军

如果要在海洋中举行百米赛跑，长刃龙一定能得冠军，因为它能在瞬间爆发出非常快的速度。

长刃龙的牙齿很锋利，它们伸出嘴巴外相互交错，能够轻易捕食滑溜溜的鱼类。

Macroplata
长刃龙

体型：体长约 4.5 米

食性：鱼类等

生存年代：侏罗纪

化石产地：欧洲

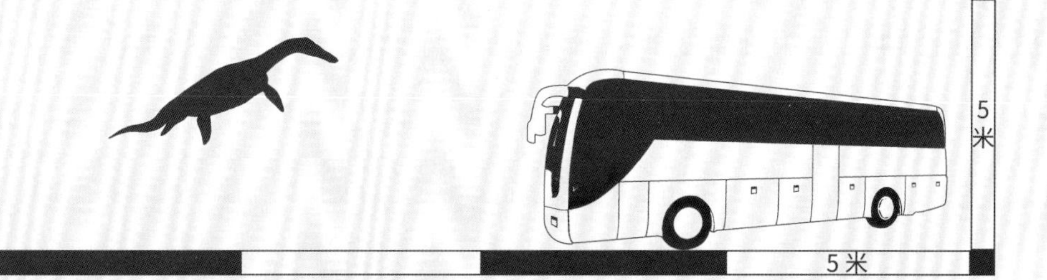

~145.0 100.5 66.0

晚侏罗世 早白垩世 晚白垩世

白垩纪

中生代

显生宙

本书涉及主龙类
主要古生物化石产地分布示意图

编绘机构：PNSO 啄木鸟科学艺术小组

097 | 恐头龙 *Dinocephalosaurus*
化石产地：亚洲，中国

102 | 准噶尔鳄 *Junggarsuchus*
化石产地：亚洲，中国

108 | 北碚鳄 *Peipehsuchus*
化石产地：亚洲，中国、吉尔吉斯斯坦

110 | 潜龙 *Hyphalosaurus*
化石产地：亚洲，中国

113 | 满洲鳄 *Monjurosuchus*
化石产地：亚洲，中国、日本

100 | 帝鳄 *Sarcosuchus*
化石产地：非洲

094 | 长颈龙 *Tanystropheus*
化石产地：欧洲、亚洲

098 | 达克龙 *Dakosaurus*
化石产地：欧洲、亚洲、南美洲

106 | 地蜥鳄 *Metriorhynchus*
化石产地：欧洲，英国、法国、德国

104 | 犰狳鳄 *Armadillosuchus*
化石产地：南美洲，巴西

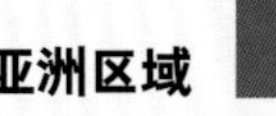
亚洲区域

南美洲区域

非洲区域

欧洲区域

北美洲区域

大洋洲区域

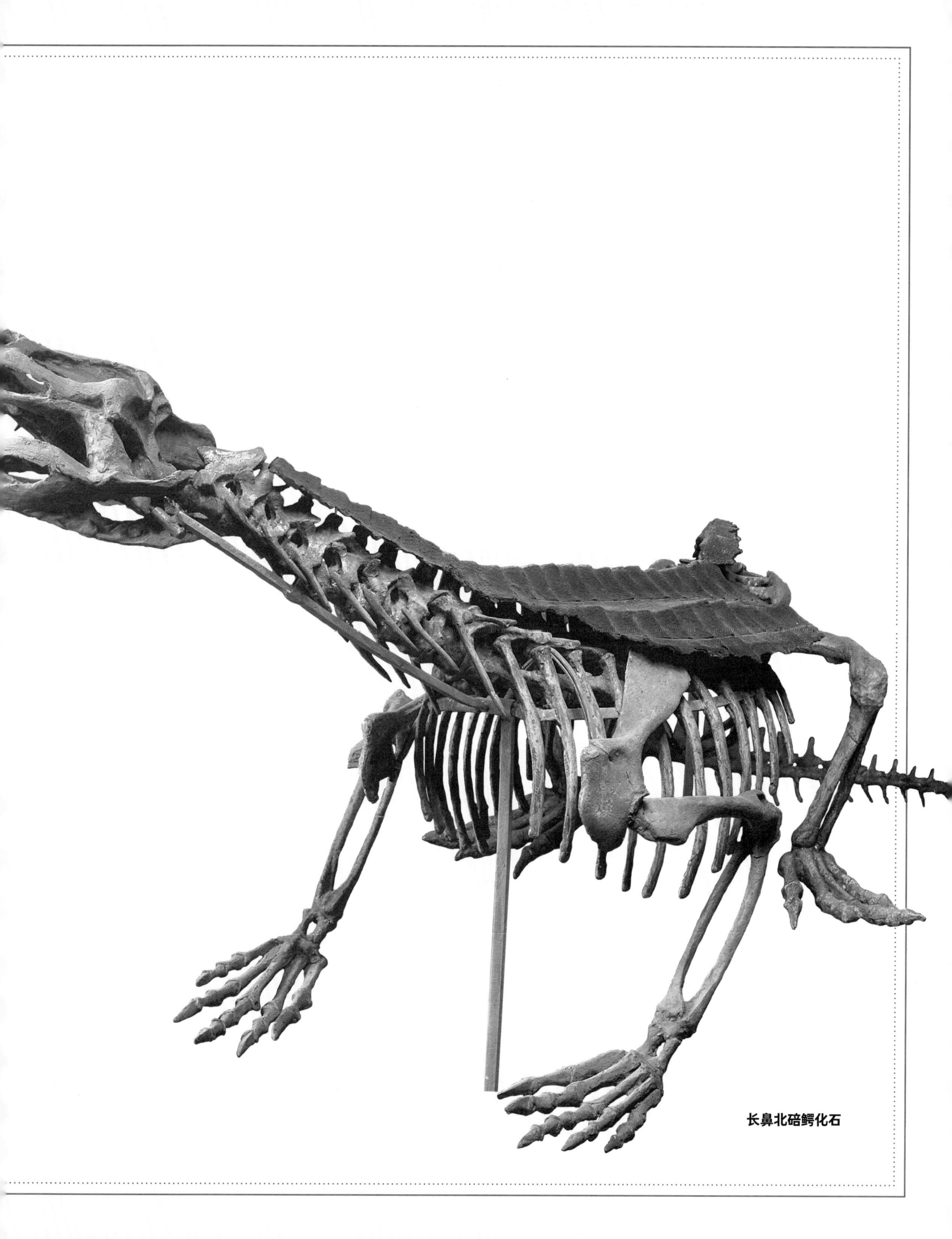

长鼻北碚鳄化石

本书涉及主龙类
主要古生物中生代地质年代表

编绘机构：PNSO 啄木鸟科学艺术小组

094 长颈龙 *Tanystropheus*
生存年代：三叠纪

097 恐头龙 *Dinocephalosaurus*
生存年代：三叠纪

098 达克龙 *Dakosaurus*
生存年代：晚侏罗世至早白垩世

102 准噶尔鳄 *Junggarsuchus*
生存年代：侏罗纪

106 地蜥鳄 *Metriorhynchus*
生存年代：侏罗纪

109 北碚鳄 *Peipehsuchus*
生存年代：侏罗纪

100 帝鳄 *Sarcosuchus*
生存年代：白垩纪

104 犰狳鳄 *Armadillosuchus*
生存年代：白垩纪

110 潜龙 *Hyphalosaurus*
生存年代：白垩纪

113 满洲鳄 *Monjurosuchus*
生存年代：白垩纪

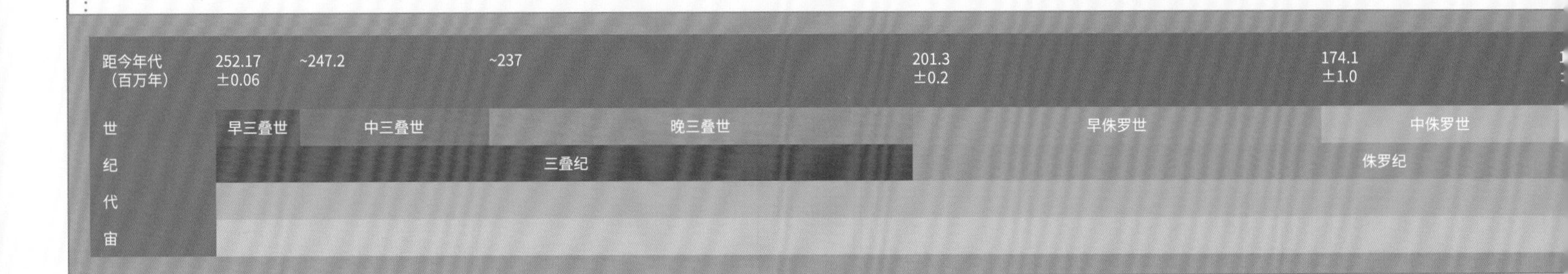

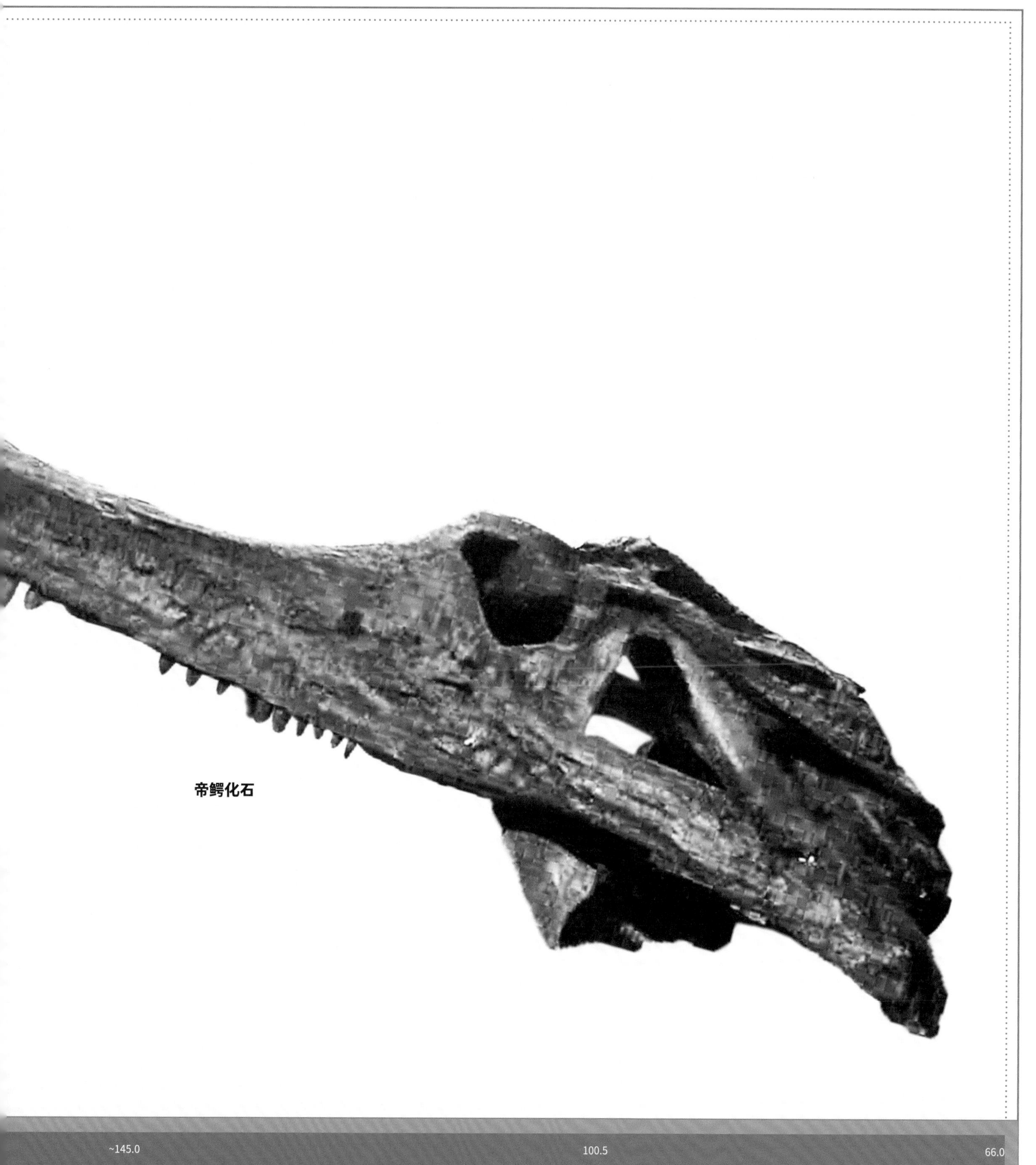

帝鳄化石

~145.0	100.5	66.0
晚侏罗世	早白垩世	晚白垩世
	白垩纪	
中生代		
显生宙		

长颈龙——它的脖子真的很长

长颈龙的脖子真的非常非常长，它长约 6 米的身体被脖子占去了一半。长长的脖子虽然看上去很威风，但是却影响了长颈龙行动的速度。它在水里的动作很笨拙，连转个身都很费劲。不过，

在捕鱼的时候，这条长脖子还是能派上用场——它总是能避免猎物因为看到自己完整的身体而早早地就被吓走，相反常常是它早已经接近了猎物，而猎物却还没有察觉。

Tanystropheus
长颈龙

体型：体长约 6 米

食性：鱼等

生存年代：三叠纪

化石产地：欧洲、亚洲

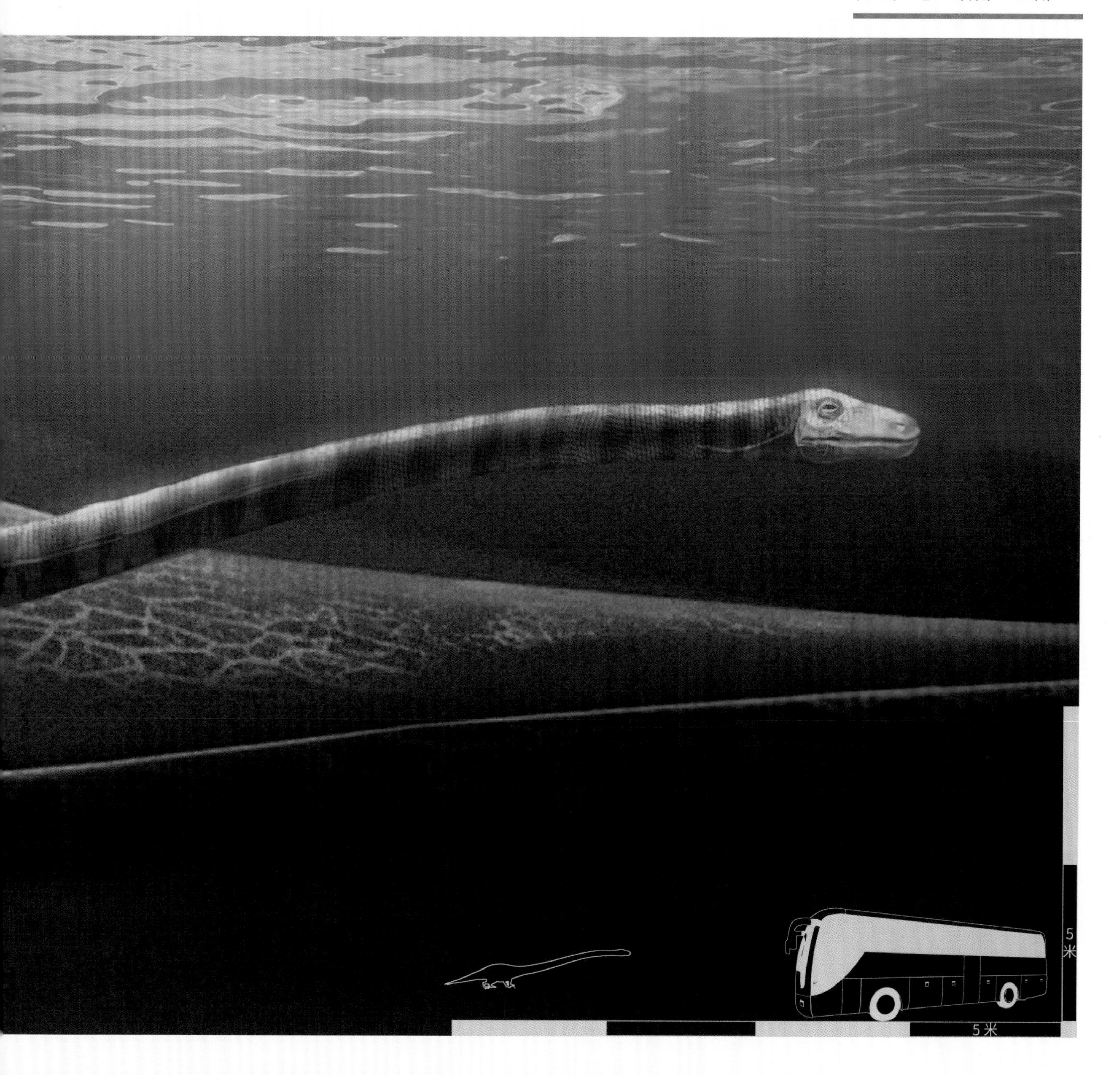

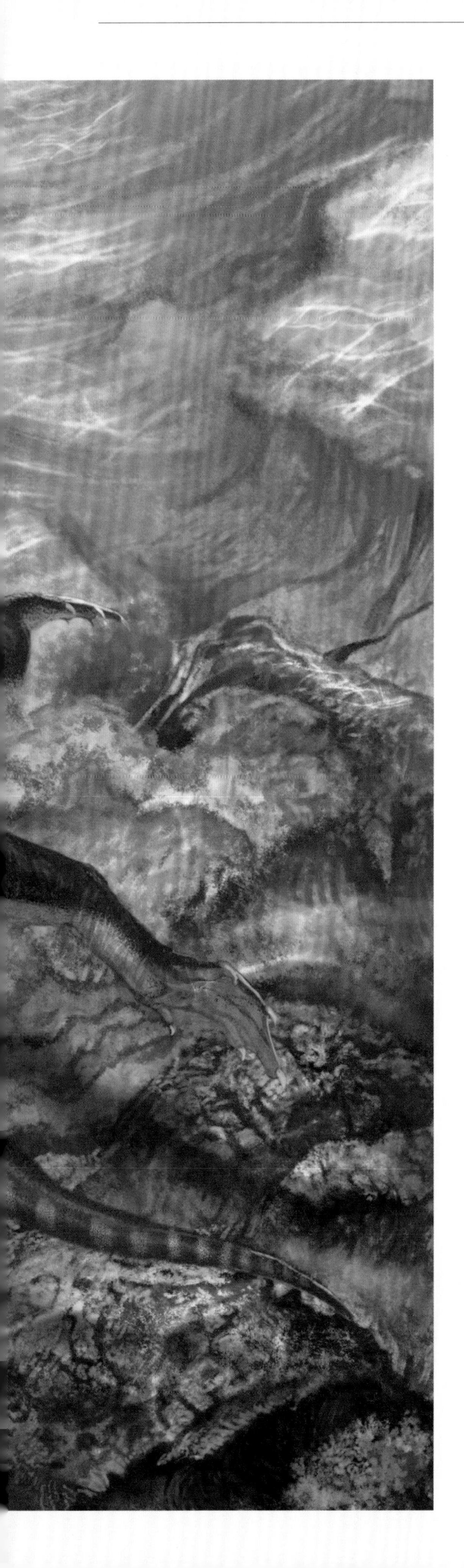

恐头龙——水中的“吸尘器”

恐头龙是一种非常可怕的海生爬行动物，它长长的脖子让它看上去就像一个大大的吸尘器，只要它张开大嘴，就能在瞬间吸走一切美味。

恐头龙生活在浅海，虽然已经非常适应水中的生活，但是科学家推测，它们在产卵的时候还是会回到陆地上。

Dinocephalosaurus 恐头龙

体型：体长约 2.7 米

食性：鱼等

生存年代：三叠纪

化石产地：亚洲，中国

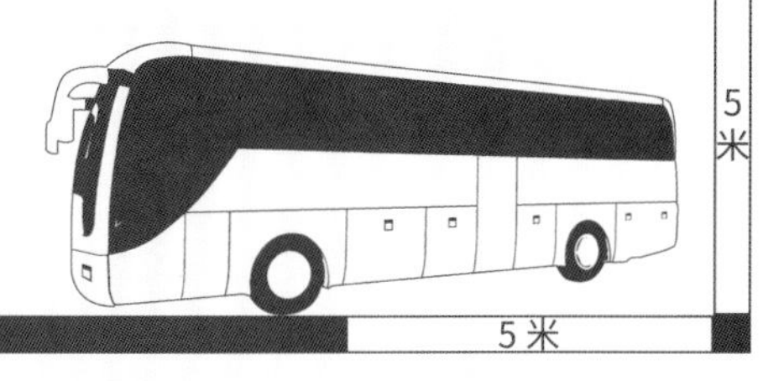

拥有血盆大口的 达克龙

几乎所有的海鳄类都长有一个小小的脑袋和一张细长的嘴，但是达克龙却不一样。

达克龙虽然也属于海鳄类，但是却有着一个大大的脑袋和一张血盆大口，所以它们从来都不满足于只吃一些小鱼小虾，它们甚至能吞得下一整只扁鳍鱼龙。

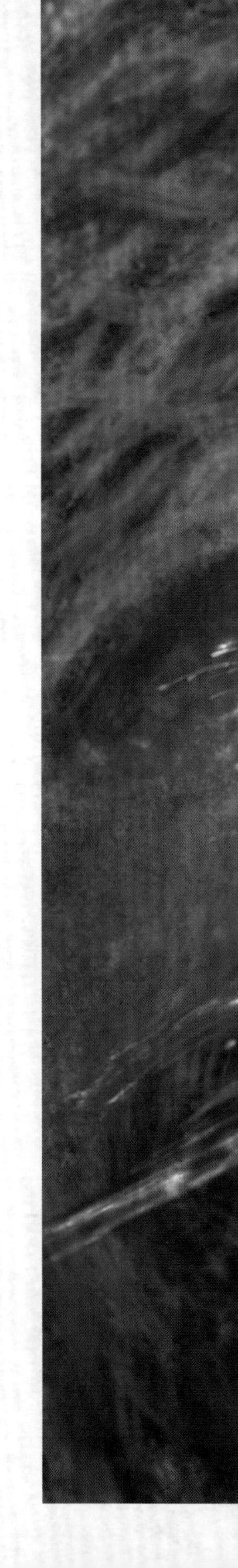

Dakosaurus 达克龙

体型：体长 4 ～ 5 米

食性：肉食

生存年代：晚侏罗世至早白垩世

化石产地：欧洲、亚洲、南美洲

达克龙波文科学复原小模型（比例：1:50）

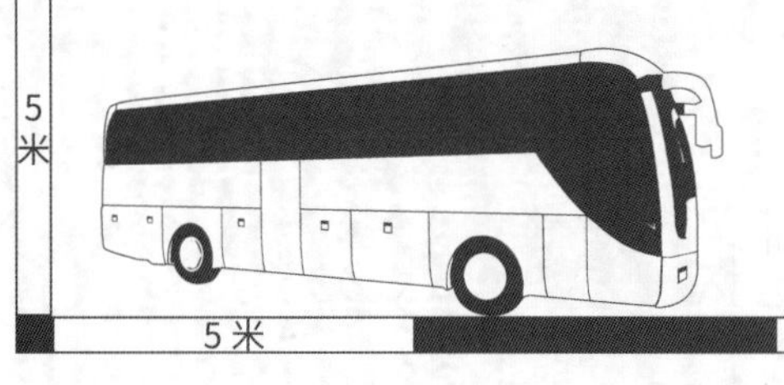

帝鳄
攻击似鳄龙

浩瀚的海洋真是猛兽迭出，看过了达克龙的血盆大口，再来看看凶猛的帝鳄吧！

帝鳄是最大的鳄类动物之一，它们像一辆公交车那么长。它们的背部覆盖鳞甲，最大的长达 1 米，没有谁能轻易靠近；它们宽大的颌部有 132 颗粗壮的牙齿，几乎能够抓住一切猎物，相当残暴。你瞧，它现在正在对一只同样巨大的似鳄龙大开杀戒。

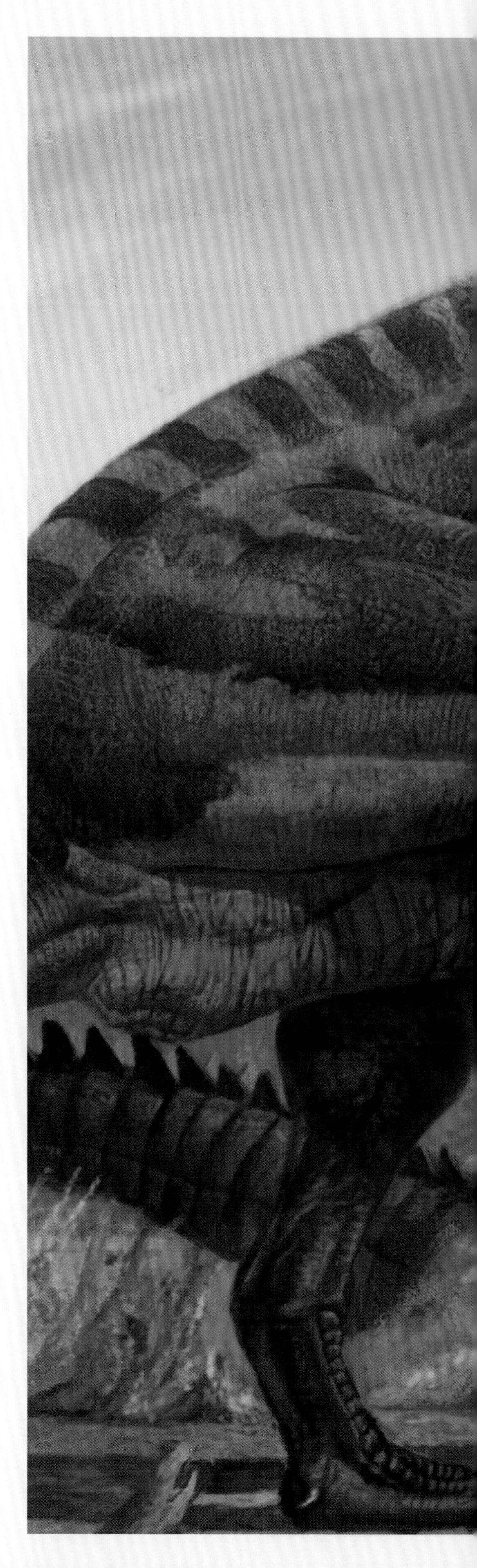

Sarcosuchus
帝鳄

体型：体长 8 ～ 12 米
体重 8 ～ 10 吨
食性：肉食
生存年代：白垩纪
化石产地：非洲

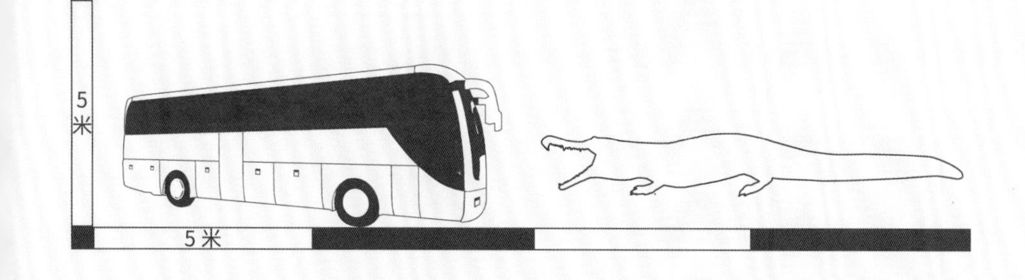

跑得很快的
准噶尔鳄

你见过有着四条长腿的鳄鱼类动物吗？你见过跑得很快的鳄鱼类动物吗？快到这儿来看看吧！

准噶尔鳄是现代鳄鱼的远祖，不过却和现代鳄鱼的形象大相径庭。它并不会匍匐前进，而是高高地站在地面上，很像恐龙，而且，它们奔跑的速度非常快，一点儿都不像现代鳄鱼那样慢吞吞的。

距今年代（百万年）	252.17 ±0.06	~247.2	~237	201.3 ±0.2	174.1 ±1.0	16… ±…
世	早三叠世	中三叠世	晚三叠世	早侏罗世	中侏罗世	
纪	三叠纪			侏罗纪		
代						
宙						

Junggarsuchus
准噶尔鳄

体型：体长小于 1 米

食性：肉食

生存年代：侏罗纪

化石产地：亚洲，中国

生活在陆地上的 犰狳鳄

把犰狳鳄放在史前水栖爬行动物的行列似乎不太合适，因为它完全是陆生的，也就是说它生活在陆地上。不过，因为它属于鳄形类，所以我们还是在这里介绍一下这个特别的家伙。

距今年代（百万年）	252.17 ±0.06	~247.2	~237	201.3 ±0.2	174.1 ±1.0	1 ±
世	早三叠世	中三叠世	晚三叠世	早侏罗世	中侏罗世	
纪	三叠纪			侏罗纪		
代						
宙						

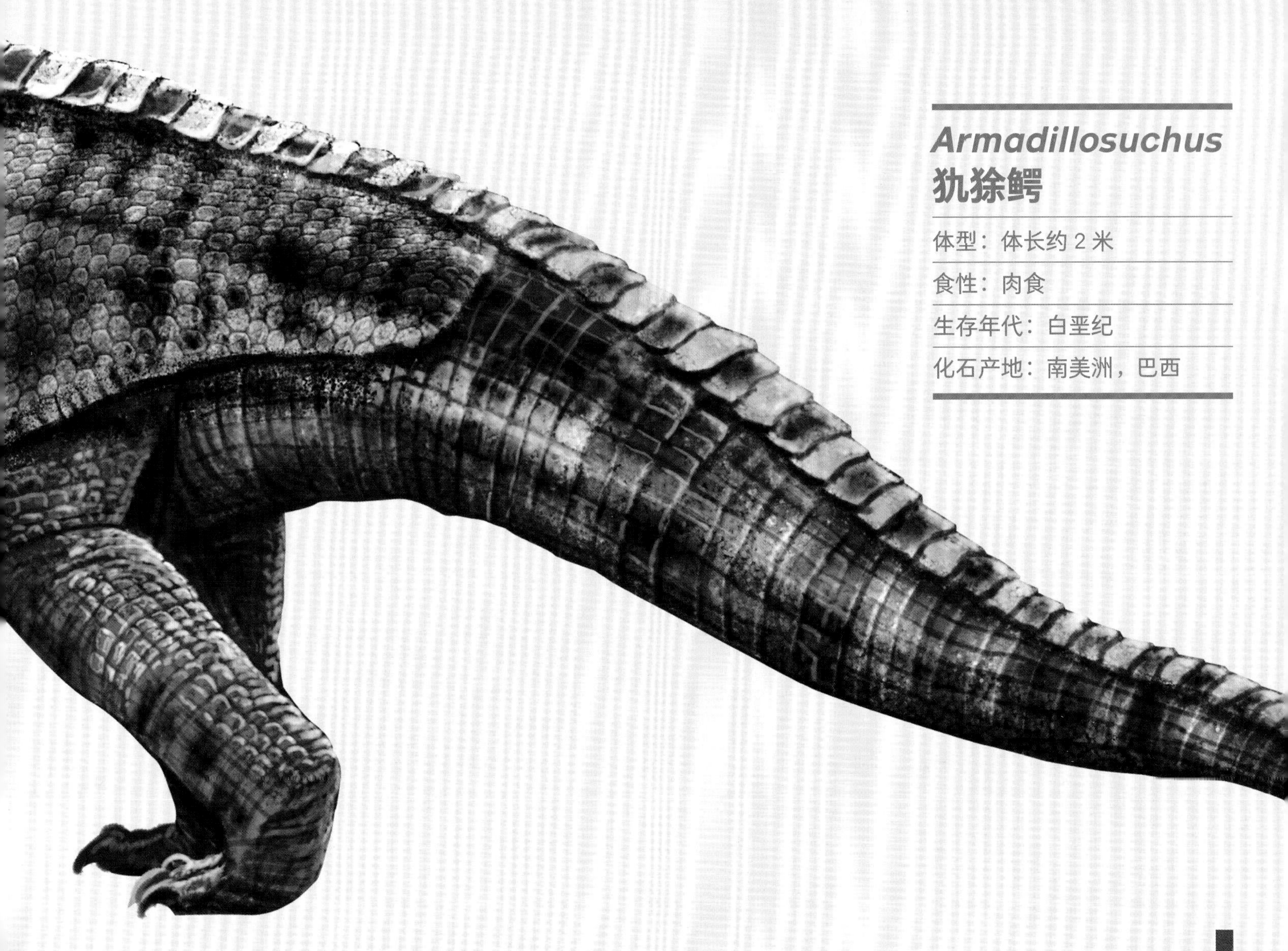

Armadillosuchus
犰狳鳄

体型：体长约 2 米

食性：肉食

生存年代：白垩纪

化石产地：南美洲，巴西

因为生活的环境不同，犰狳鳄的身体构造也很特殊，它的牙齿有很多类似哺乳动物的特征，它身上的鳞甲又类似于现代的犰狳，这让它看上去似乎和当时的同伴格格不入。

~145.0 100.5 66.0

晚侏罗世 早白垩世 晚白垩世

白垩纪

中生代

显生宙

地蜥鳄——没有防御能力的海生鳄类

地蜥鳄是一种海生鳄类，体长约 3 米，看上去和现在的鳄鱼差不多。大部分海生鳄类的身体上都长有坚硬的鳞甲，以防范袭击它们的掠食者，但是地蜥鳄却没有鳞甲，体表滑溜溜的。虽然少了些防卫能力，可是这样能让它更好地适应水里的生活。

Metriorhynchus

地蜥鳄

体型：体长约 3 米

食性：鱼类、蛇颈龙幼崽等

生存年代：侏罗纪

化石产地：欧洲，英国、法国、德国

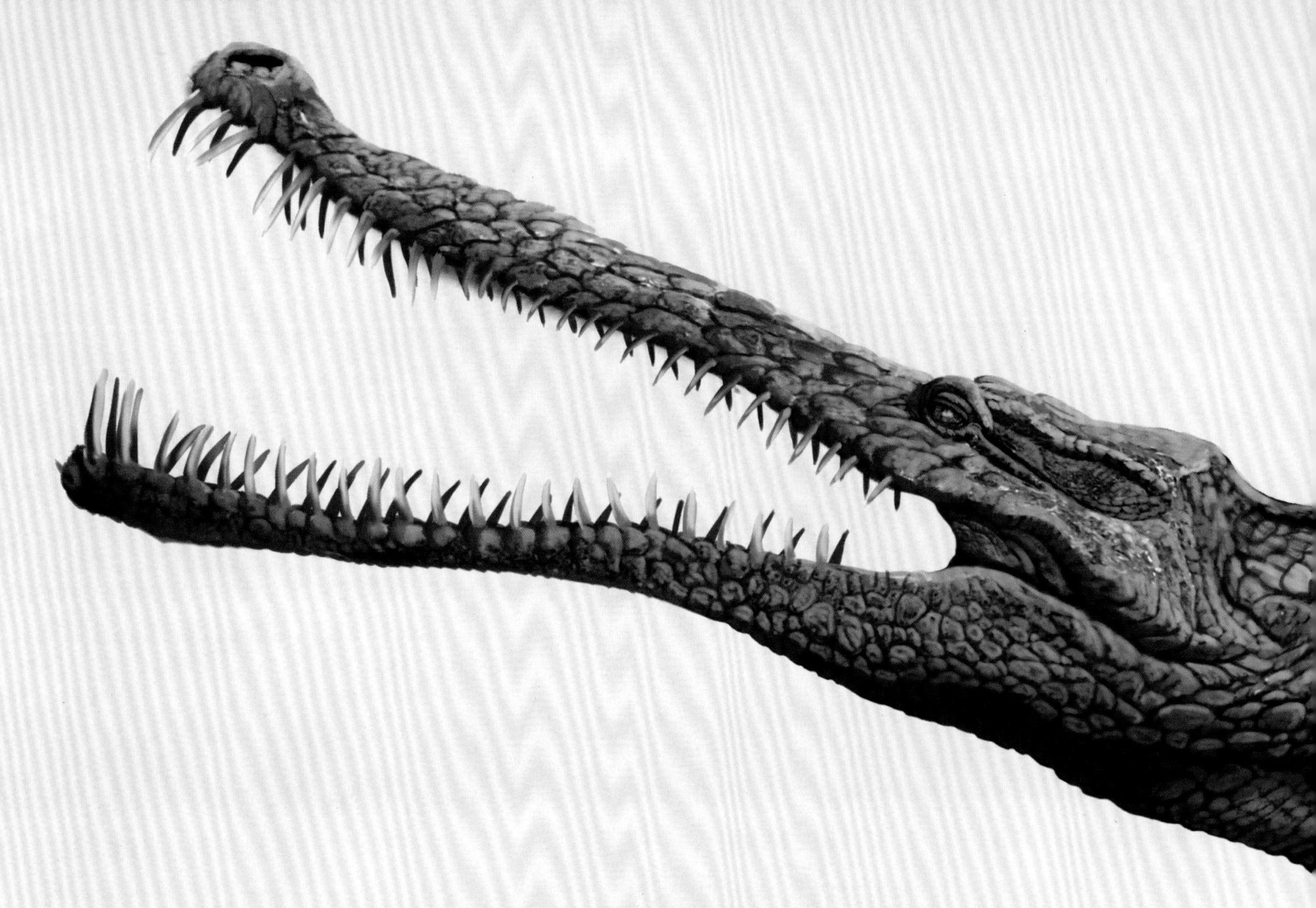

1米
1米

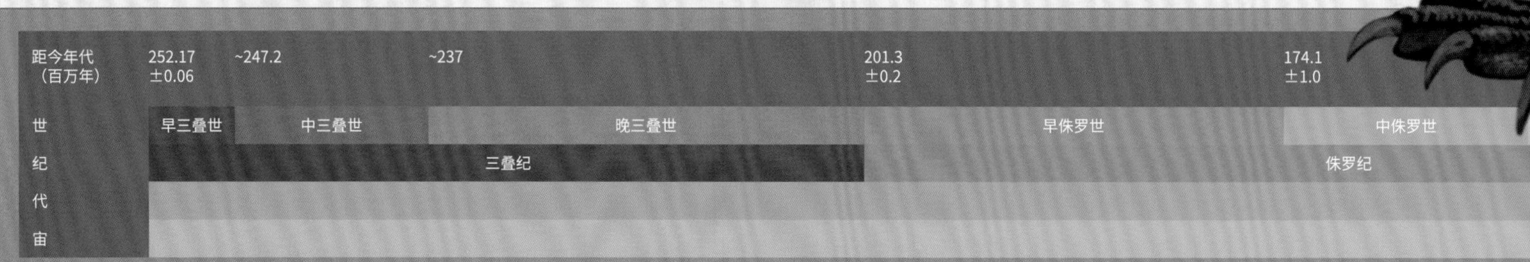
距今年代（百万年）
252.17 ±0.06
~247.2
~237
201.3 ±0.2
174.1 ±1.0
世
早三叠世
中三叠世
晚三叠世
早侏罗世
中侏罗世
纪
三叠纪
侏罗纪
代
宙

Peipehsuchus
北碚鳄

体型：体长约 3 米

食性：鱼

生存年代：侏罗纪

化石产地：亚洲，中国、吉尔吉斯斯坦

喜欢吃鱼的北碚鳄

北碚鳄是一种已经灭绝的海鳄类。它的长相很特别，嘴巴又长又尖，布满锋利的牙齿。背上则被覆着坚硬的鳞甲。它们很喜欢吃鱼。

~145.0 0.5 66.0

晚侏罗世 早白垩世 晚白垩世

白垩纪

中生代

显生宙

喜欢生活在湖泊中的
潜龙

身体纤瘦的潜龙并不像其他的海生爬行动物一样生活在海里，相比之下，它更喜欢湖泊，以湖水中的小鱼小虾为食。

潜龙的外形类似于小型的幻龙类，它纤瘦的身体呈流线型，非常适合在水中生活。它最大的特点就是拥有一条长长的脖子。

Hyphalosaurus
潜龙

体型：体长约 0.8 米

食性：鱼、虾

生存年代：白垩纪

化石产地：亚洲，中国

在辽西很常见的 满洲鳄

满洲鳄和潜龙都属于离龙类，它们的前肢相当于桨，配合侧扁的尾巴，有助于它们在水中前进。与潜龙修长的身体相比，满洲鳄显得要笨拙的多。它的脑袋很大，四肢很短，脖子短粗，看上去并不灵活。

满洲鳄的家族非常繁荣，今天的辽西在白垩纪到处都有它们的身影，而且科学家在日本也发现了满洲鳄的化石。

Monjurosuchus 满洲鳄

体型：体长约 0.4 米

食性：肉食

生存年代：白垩纪

化石产地：亚洲，中国、日本

50 厘米

50 厘米

本书涉及有鳞目

主要古生物化石产地分布示意图

编绘机构：PNSO 啄木鸟科学艺术小组

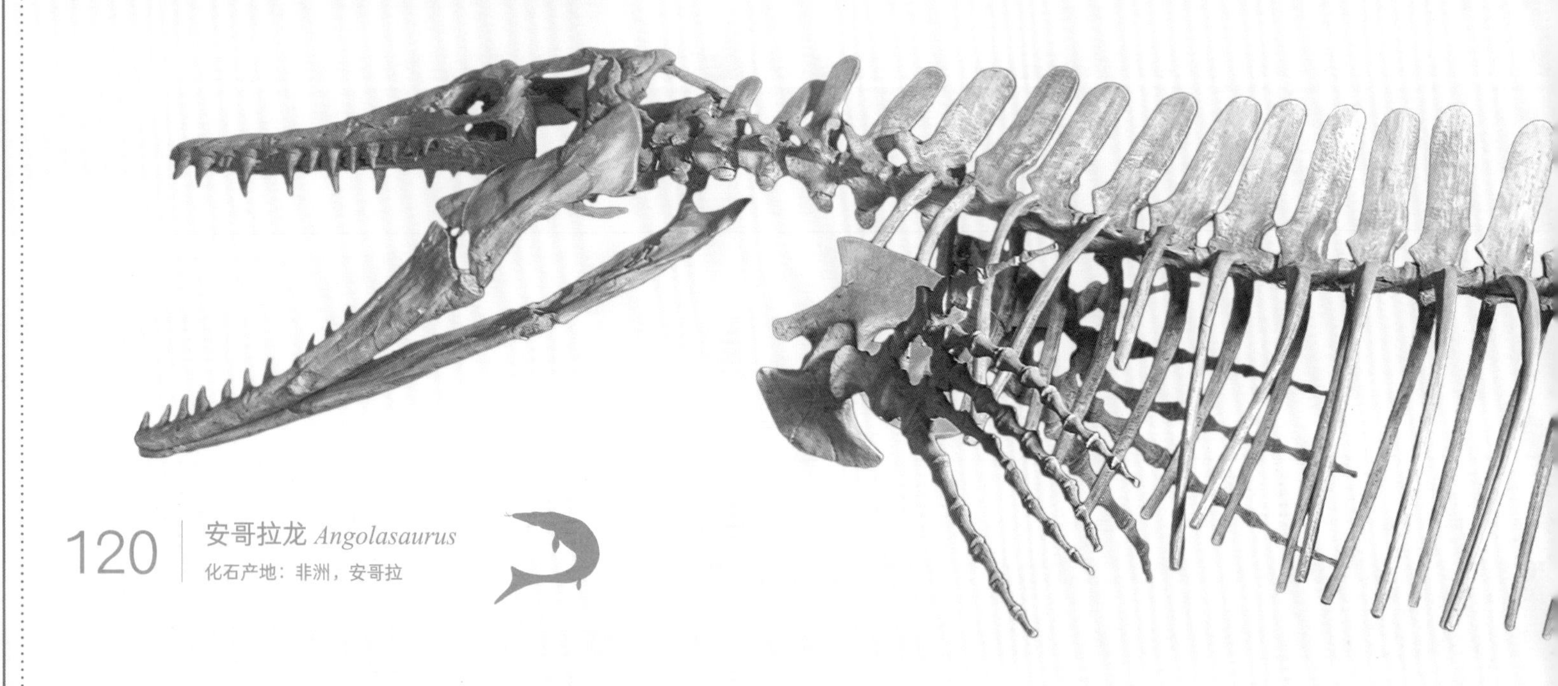

120 安哥拉龙 *Angolasaurus*
化石产地：非洲，安哥拉

122 达拉斯蜥蜴 *Dallasaurus*
化石产地：北美洲，美国

124
126 扁掌龙 *Plioplatecarpus*
化石产地：北美洲、欧洲

128 硬椎龙 *Clidastes*
化石产地：北美洲、欧洲

131 塞尔马龙 *Selmsaurus*
化石产地：北美洲，美国

134 浮龙 *Plotosaurus*
化石产地：北美洲，美国

139 海王龙 *Tylosaurus*
化石产地：北美洲、欧洲、大洋洲

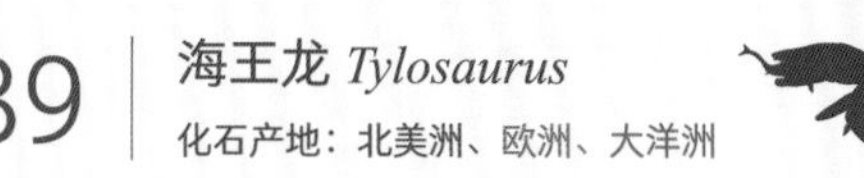

140 球齿龙 *Globidens*
化石产地：北美洲、非洲、亚洲

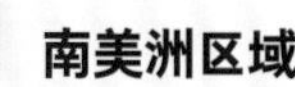

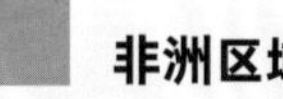

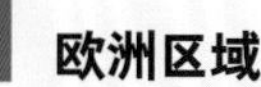

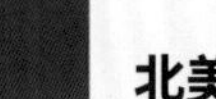

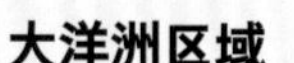

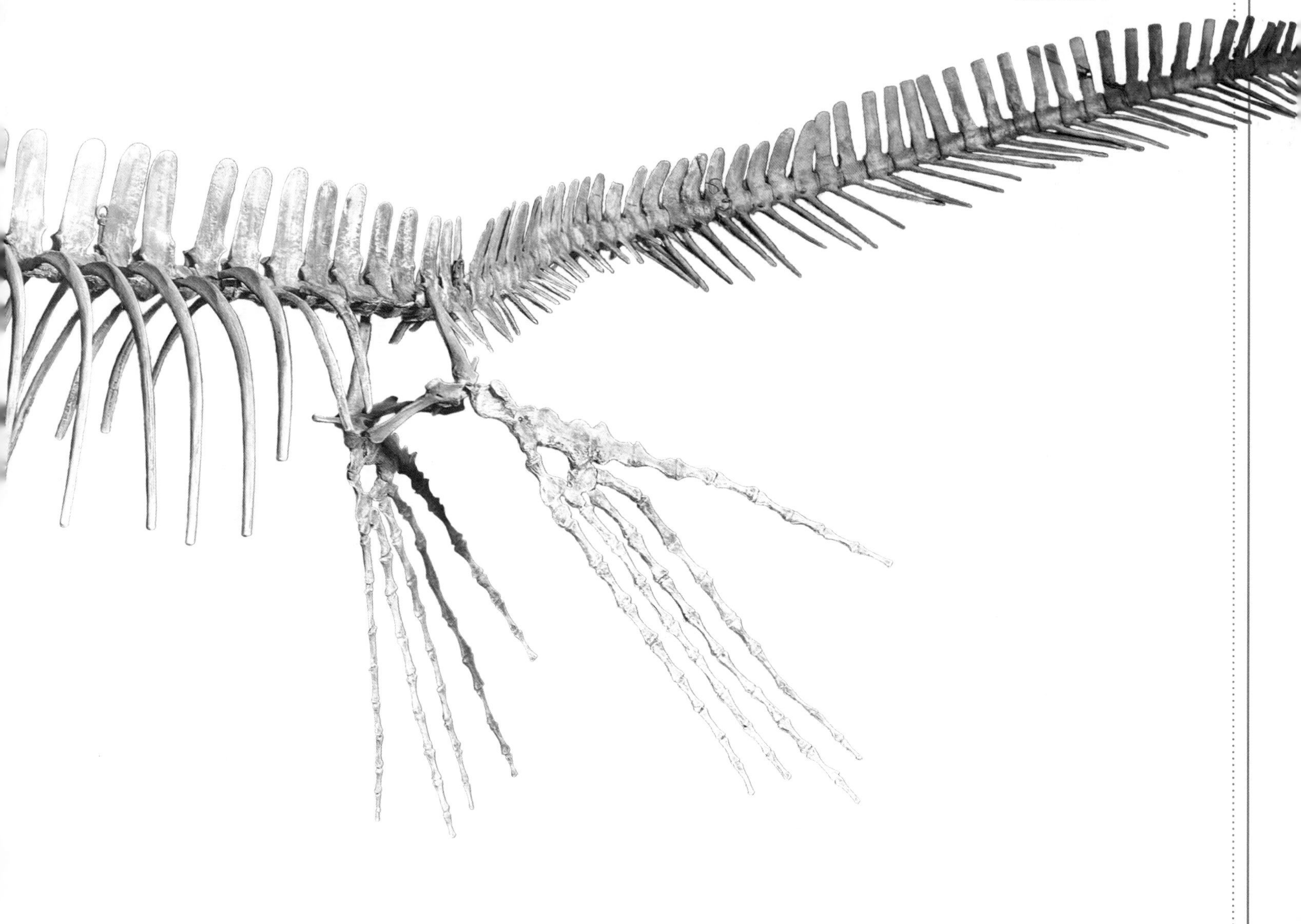

118 崖蜥 *Aigialosaurus*
化石产地：欧洲

132 海诺龙 *Hainosaurus*
化石产地：欧洲、北美洲

136 沧龙 *Mosasaurus*
化石产地：欧洲、北美洲

本书涉及有鳞目
主要古生物中生代地质年代表

编绘机构：PNSO 啄木鸟科学艺术小组

118 崖蜥 *Aigialosaurus*
生存年代：白垩纪

120 安哥拉龙 *Angolasaurus*
生存年代：白垩纪

122 达拉斯蜥蜴 *Dallasaurus*
生存年代：白垩纪

124
126 扁掌龙 *Plioplatecarpus*
生存年代：白垩纪

128 硬椎龙 *Clidastes*
生存年代：白垩纪

131 塞尔马龙 *Selmsaurus*
生存年代：白垩纪

132 海诺龙 *Hainosaurus*
生存年代：白垩纪

134 浮龙 *Plotosaurus*
生存年代：白垩纪

136 沧龙 *Mosasaurus*
生存年代：白垩纪

139 海王龙 *Tylosaurus*
生存年代：白垩纪

140 球齿龙 *Globidens*
生存年代：白垩纪

距今年代（百万年）	252.17 ±0.06	~247.2	~237	201.3 ±0.2	174.1 ±1.0	16 ±
世	早三叠世	中三叠世	晚三叠世	早侏罗世	中侏罗世	
纪	三叠纪			侏罗纪		
代						
宙						

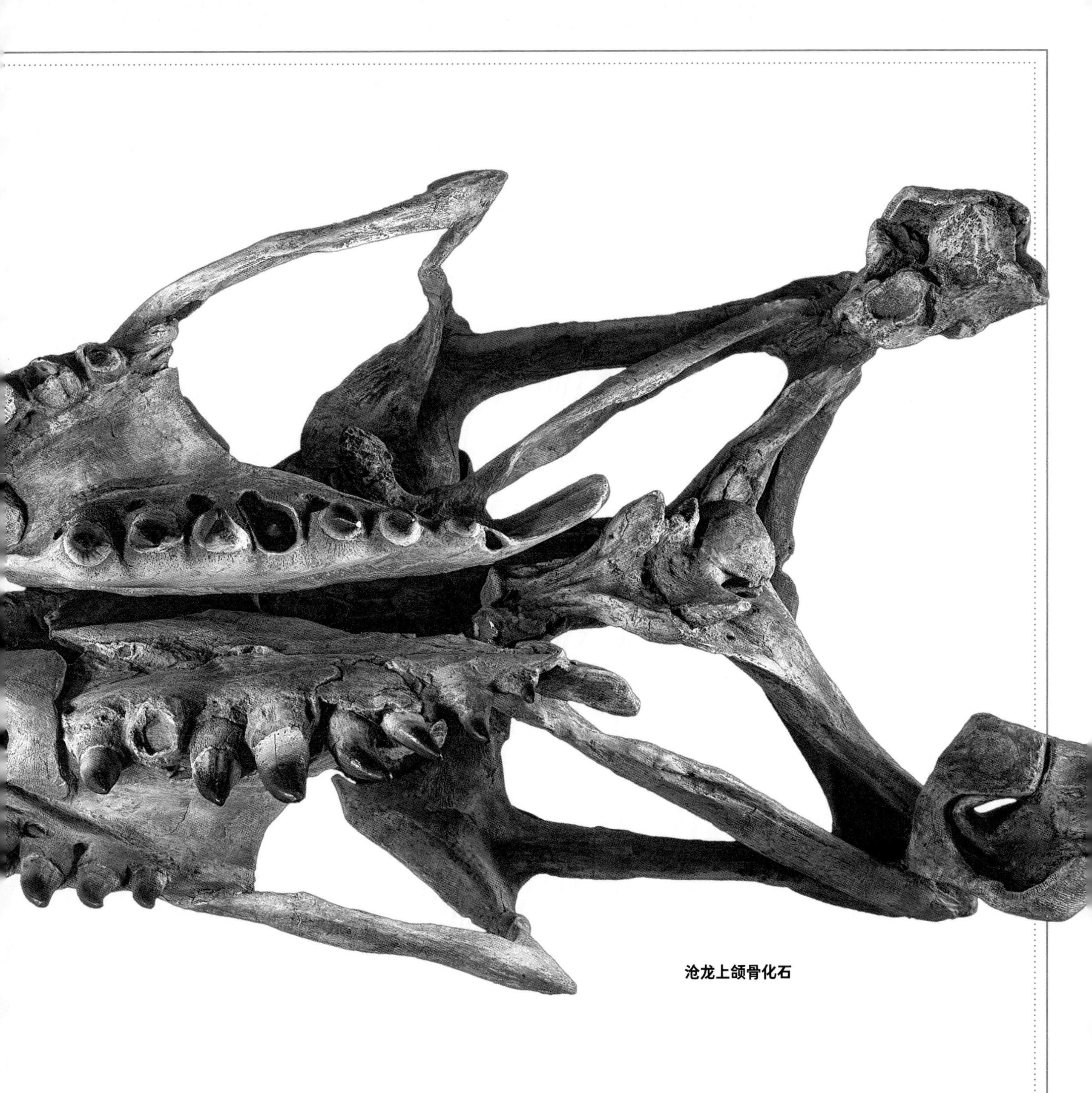

沧龙上颌骨化石

~145.0		100.5		66.0
晚侏罗世	早白垩世		晚白垩世	
	白垩纪			
中生代				
显生宙				

崖蜥——它可是猛兽沧龙的祖先哦！

崖蜥这种看上去并不起眼的小家伙，竟然是凶猛的沧龙家族的祖先。那是由一群有着蛇一般修长身体的家伙组成的家族，是海洋中出现的最为残暴的动物之一。它们从诞生时像蜥蜴一样的家伙，进化成长达十几米的凶猛无比的海洋霸主，只用了短短几百万年的时间。

现在，你可能觉得崖蜥看上去并不怎么适合在水中生活，可是只要看看它扁平的尾巴就知道它正在为入水做准备，因为通过宽大的尾巴的摆动，它便能获得在水中前行的足够动力。

Aigialosaurus
崖蜥

体型：体长约 1.5 米

食性：鱼类等

生存年代：白垩纪

化石产地：欧洲

安哥拉龙——
沧龙家族的开创者之一

安哥拉龙是沧龙家族的开创者之一。它身体修长，有一个细长的脑袋，嘴巴里布满锋利的牙齿。它的身体只有 5 ～ 7 米长，不及周围的很多邻居，但是在沧龙家族刚刚诞生的时候，它已经算是家族中的大型成员了。它的游泳技术很好，通常会 S 形摆动身体，推动自己快速前进。

Angolasaurus
安哥拉龙

体型：体长 5 ～ 7 米

食性：鱼类等

生存年代：白垩纪

化石产地：非洲，安哥拉

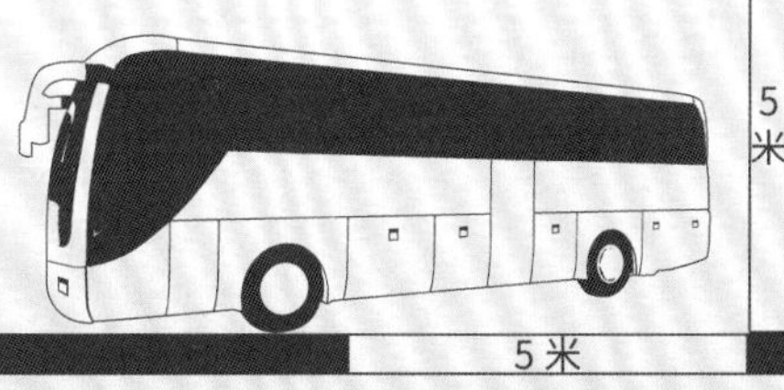

达拉斯蜥蜴——最小的沧龙类成员

沧龙类在诞生之初体型都不大，而达拉斯蜥蜴更是娇小，体长大约只有 1 米，是最小的沧龙家族成员。

达拉斯蜥蜴还是一种两栖动物。有一部分时间是在陆地上度过的。不过它们缩短的四肢说明它们正在努力适应水中的生活。

达拉斯蜥蜴的身体虽然很瘦，但是它的尾巴已经变成了扁宽的尾鳍，这也是它适应水中生活的证据。

Dallasaurus
达拉斯蜥蜴

体型：体长约 1 米

食性：肉食

生存年代：白垩纪

化石产地：北美洲，美国

扁掌龙——它能吞下比自己脑袋还要宽的猎物

扁掌龙的脑袋是一个漂亮的三角形，看上去很小，嘴巴也非常尖细，但是它却能一口吞下比自己脑袋还要宽的猎物，这是为什么呢？原来扁掌龙的下巴是可以活动的，如果它遇到很大的猎物，下巴就会脱落下来，这样能使嘴巴张得很大，庞大的猎物也就轻易被它吞到肚子里了。

Plioplatecarpus
扁掌龙

体型：体长约 6 米

食性：肉食

生存年代：白垩纪

化石产地：北美洲、欧洲

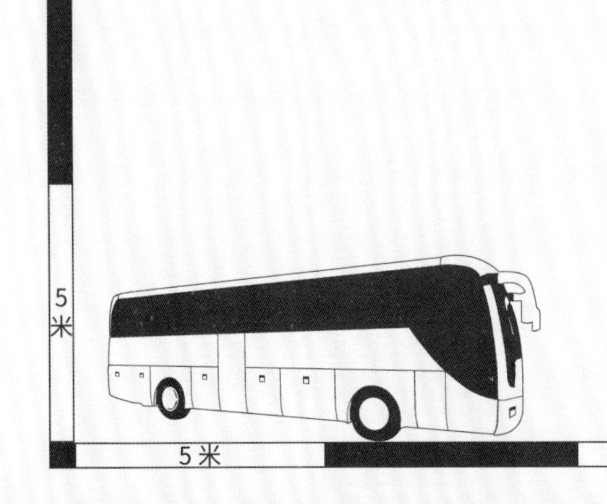

怀孕的
扁掌龙

扁掌龙不仅以自己奇特的下巴而闻名，同时它也因为一块珍贵的化石而享誉世界。1996 年，科学家在美国南达科他州发现了一块保存有胚胎的扁掌龙化石，也就是说，他们发现了一块怀孕的扁掌龙的化石，这是非常珍贵的，能让人们更多地了解沧龙家族是如何生育宝宝的。

Plioplatecarpus
扁掌龙

体型：体长约 6 米

食性：肉食

生存年代：白垩纪

化石产地：北美洲、欧洲

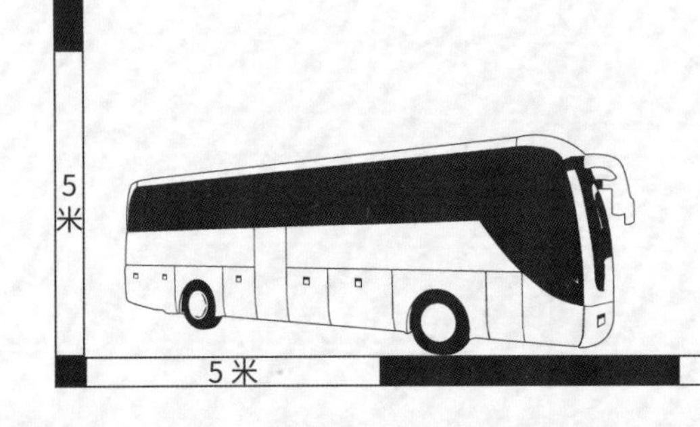

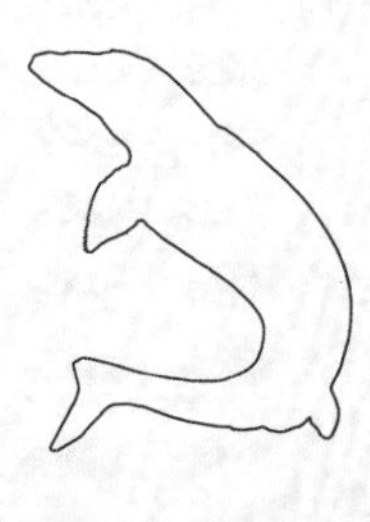

硬椎龙——超级棒的游泳健将

硬椎龙的身体虽然不大，平均身长只有 2 ～ 4 米，最长的也就 6.2 米，却是超级棒的游泳健将。你只要看看它那条大大的、扁平的尾巴就知道了，它为硬椎龙的前行提供了强大的动力。超快的游泳速度保证了硬椎龙能在强手如云的时代幸运地生存下来。

硬椎龙体型修长，喜欢捕捉靠近海面的鱼类甚至飞鸟。

Clidastes
硬椎龙

体型：体长 2 ～ 6.2 米

食性：鱼类、飞鸟

生存年代：白垩纪

化石产地：北美洲、欧洲

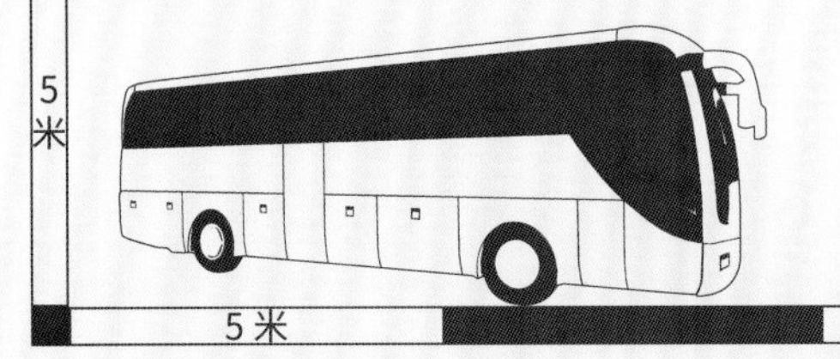

嘴巴没办法张得更大的
塞尔马龙

大部分沧龙家族成员都能吃下体型庞大的猎物，这全都是因为它们头骨的骨头可以移动，使嘴巴张得更大。但是塞尔马龙却不行，因为它没有这样特殊的构造，所以面对那些比它嘴巴大得多的猎物时，便只能干流口水了。

塞尔马龙体型不大，身体细长，它们生活在浅海，以鱼或者其他小型动物为食。

Selmsaurus
塞尔马龙

体型：体长约 3 米
食性：鱼等
生存年代：白垩纪
化石产地：北美洲，美国

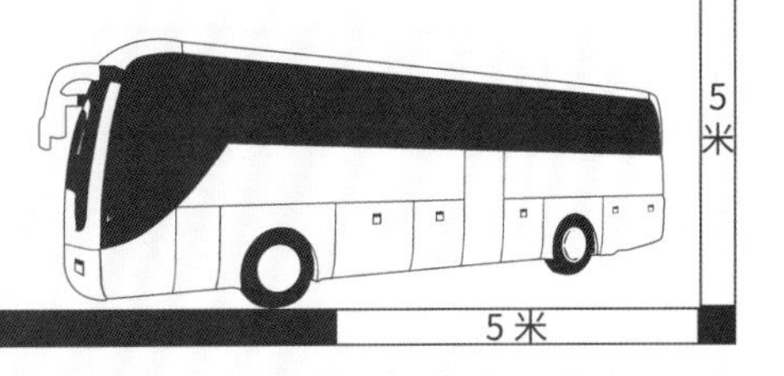

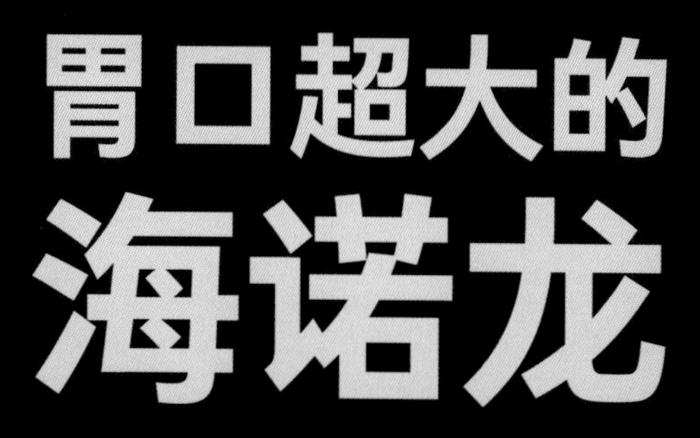

胃口超大的
海诺龙

海诺龙最早被描述为体长能达到 17 米的海洋巨兽，不过，后来科学家进一步研究后发现它的体长大约只有 12.2 米。即便如此，它依然是沧龙家族最大的成员之一，处于海洋食物链的最顶端。

为了支撑它们庞大的身体，它们几乎碰到什么吃什么，胃口超大。古生物学家曾经在它们的腹腔化石中发现过蛇颈龙类、古海龟以及其他沧龙科，甚至是恐龙的残骸，非常可怕。

距今年代（百万年）	252.17 ±0.06	~247.2	~237	201.3 ±0.2	174.1 ±1.0	163 ±1
世	早三叠世	中三叠世	晚三叠世	早侏罗世	中侏罗世	
纪	三叠纪			侏罗纪		
代						
宙						

Hainosaurus
海诺龙

体型：体长约 12.2 米

食性：肉食

生存年代：白垩纪

化石产地：欧洲、北美洲

~145.0 100.5 66.0

晚侏罗世 早白垩世 晚白垩世

白垩纪

中生代

显生宙

浮龙——最先进的海生爬行动物

经过漫长的演化，沧龙家族的身体已经高度适应海洋生活，比如浮龙，它的身体变化最为明显，堪称最先进的海生爬行动物。

你瞧，它的鳍状肢那么修长，就像今天的海豚，这能让它游得很快；它的嘴里长有东倒西歪、参差不齐的牙齿，使它不会放过任何一个猎物；它的尾部，甚至还出现了一片扁平肉质鳍，能给它提供很大的动力。这些优越的条件让浮龙轻松地坐上了海洋霸主的宝座。

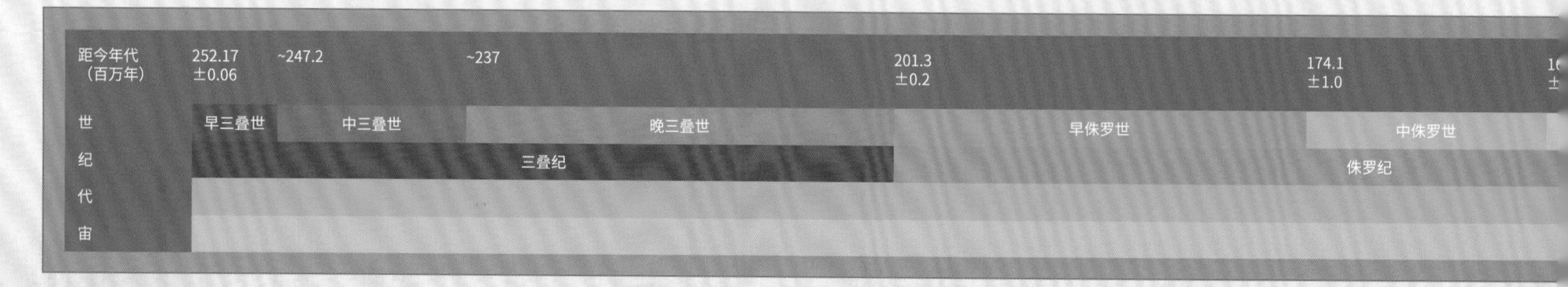

Plotosaurus
浮龙

体型：体长 9 ～ 13 米

食性：鱼类、贝类、乌贼等

生存年代：白垩纪

化石产地：北美洲，美国

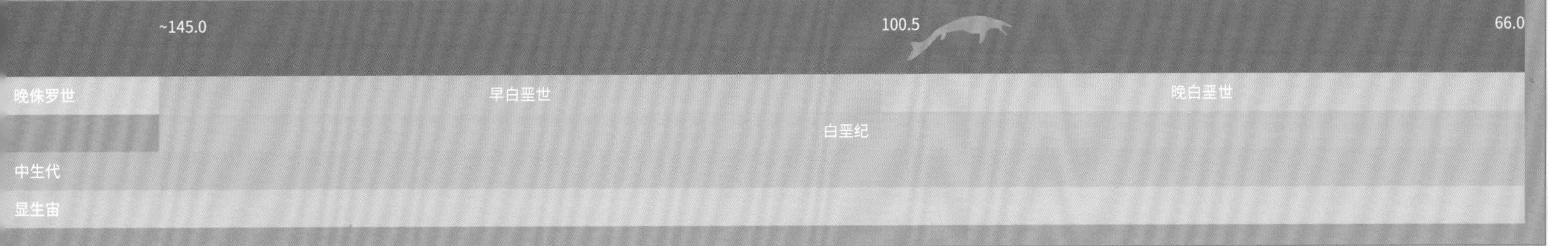

沧龙
捕食古海龟

沧龙是海洋世界中有史以来最厉害的家伙，它们身体巨大，最大的能达到 17.6 米。它们的头部结实而庞大，极其有力的颌部，使它们拥有强大的咬合力。它们的牙齿尖锐，能轻松穿透坚硬的甲壳。海洋中所有的家伙包括鱼、菊石、海龟，甚至是其他小型沧龙科动物都是它们的美食；它们的身体呈流线型，尾巴强壮，高度适应海洋生活。它们是海洋的霸主，要是活到今天，就连凶猛的鲨鱼恐怕都不是它们的对手。

现在，这只可怕的沧龙正在吞噬一只古海龟，古海龟的鲜血浸染了附近海面。

Mosasaurus
沧龙

体型：体长 12 ～ 17.6 米
食性：肉食
生存年代：白垩纪
化石产地：欧洲、北美洲

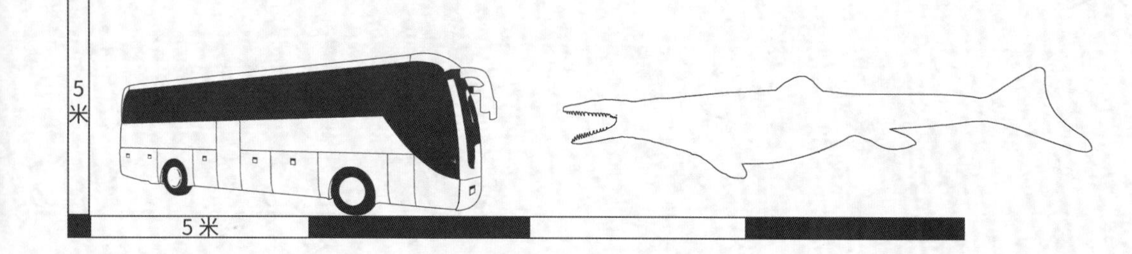

海王龙
捕食小沧龙

虽然成年沧龙是海洋的霸主，可年幼的小沧龙却常常会成为敌人口中的美食。

你瞧，这只不走运的小沧龙刚刚离开妈妈不久，就被可怕的海王龙抓住了。它惊恐地呼唤着妈妈，可海王龙怎么会等到猎物的救星赶来再解决这个美味呢，它已经迫不及待地咬了下去！

海王龙也是巨型沧龙类，是最大的沧龙家族成员之一，正因为如此，它才敢肆无忌惮地对小沧龙下手。

Tylosaurus
海王龙

体型：体长约 12 米

食性：肉食

生存年代：白垩纪

化石产地：北美洲、欧洲、大洋洲

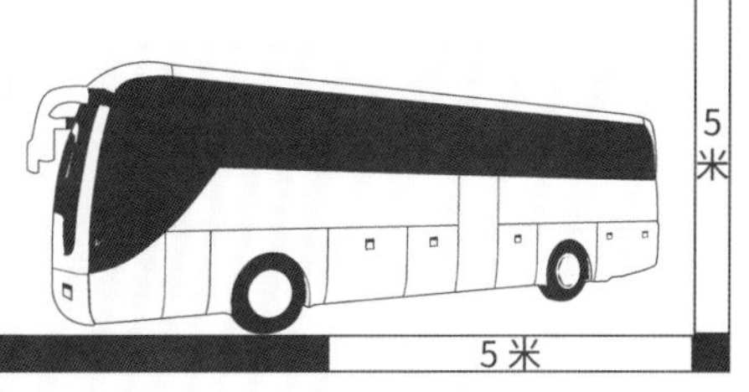

牙齿特别的
球齿龙

球齿龙的牙齿很特别，有两种形状。嘴巴前部的牙齿呈圆锥形，后部的牙齿则呈球状。这样特殊的牙齿似乎是为甲壳类专门准备的，因为它们圆锥状的牙齿能刺穿甲壳，而球状的牙齿能压碎硬壳。科学家就曾经在它们的胃部发现了许多甲壳类的残骸！

Globidens
球齿龙

体型：体长 5.5 ～ 6 米
食性：甲壳类
生存年代：白垩纪
化石产地：北美洲、非洲、亚洲

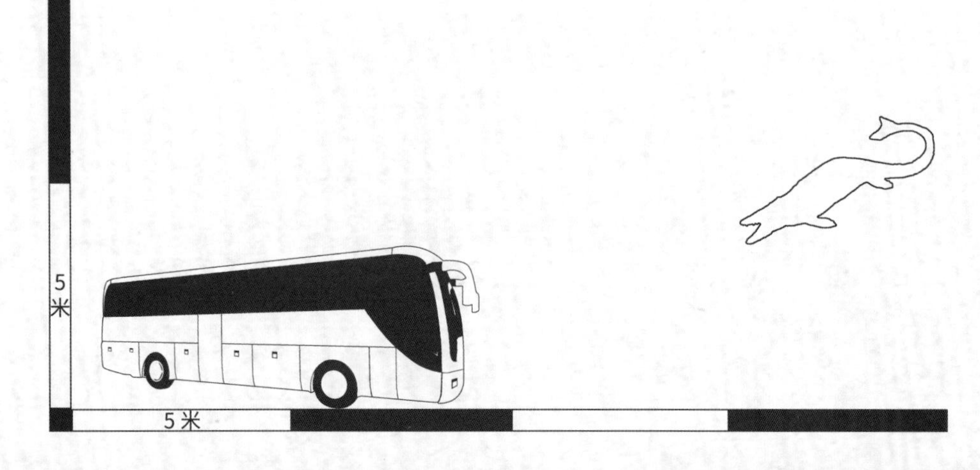

本书涉及鱼龙超目
主要古生物化石产地分布示意图

编绘机构：PNSO 啄木鸟科学艺术小组

148 歌津鱼龙 *Utatsusaurus*
化石产地：亚洲、北美洲

150 巢湖龙 *Chaohusaurus*
化石产地：亚洲，中国

160 混鱼龙 *Mixosaurus*
化石产地：亚洲、欧洲、北美洲

162 黔鱼龙 *Qianichthyosaurus*
化石产地：亚洲，中国

175 扁鳍鱼龙 *Platypterygius*
化石产地：亚洲、欧洲、南美洲、北美洲、大洋洲

152 萨斯特鱼龙 *Shastasaurus*
化石产地：北美洲、亚洲

156 加利福尼亚鱼龙 *Californosaurus*
化石产地：北美洲，美国

158 杯椎鱼龙 *Cymbospondylus*
化石产地：北美洲、欧洲、亚洲、南美洲、大洋洲

164 肖尼鱼龙 *Shonisaurus*
化石产地：北美洲

146 鱼龙 *Ichthyosaurus*
化石产地：欧洲、亚洲

154 贝萨诺鱼龙 *Besanosaurus*
化石产地：欧洲，意大利

166 狭翼鱼龙 *Stenopterygius*
化石产地：欧洲

168 神剑鱼龙 *Excalibosaurus*
化石产地：欧洲，英国

170 真鼻鱼龙 *Eurhinosaurus*
化石产地：欧洲

172 大眼鱼龙 *Ophthalmosaurus*
化石产地：欧洲、北美洲、南美洲

 亚洲区域
 南美洲区域
 非洲区域
 欧洲区域
 北美洲区域

 大洋洲区域

离片齿龙化石

本书涉及鱼龙超目
主要古生物中生代地质年代表

编绘机构：PNSO 啄木鸟科学艺术小组

148 歌津鱼龙 *Utatsusaurus*
生存年代：三叠纪

150 巢湖龙 *Chaohusaurus*
生存年代：三叠纪

152 萨斯特鱼龙 *Shastasaurus*
生存年代：三叠纪

154 贝萨诺鱼龙 *Besanosaurus*
生存年代：三叠纪

156 加利福尼亚鱼龙 *Californosaurus*
生存年代：三叠纪

158 杯椎鱼龙 *Cymbospondylus*
生存年代：三叠纪

160 混鱼龙 *Mixosaurus*
生存年代：三叠纪

162 黔鱼龙 *Qianichthyosaurus*
生存年代：三叠纪

164 肖尼鱼龙 *Shonisaurus*
生存年代：三叠纪

146 鱼龙 *Ichthyosaurus*
生存年代：晚三叠世至早侏罗世

166 狭翼鱼龙 *Stenopterygius*
生存年代：侏罗纪

168 神剑鱼龙 *Excalibosaurus*
生存年代：侏罗纪

170 真鼻鱼龙 *Eurhinosaurus*
生存年代：侏罗纪

172 大眼鱼龙 *Ophthalmosaurus*
生存年代：侏罗纪

175 扁鳍鱼龙 *Platypterygius*
生存年代：白垩纪

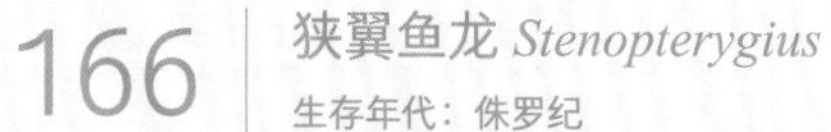

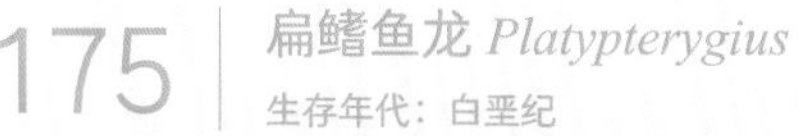

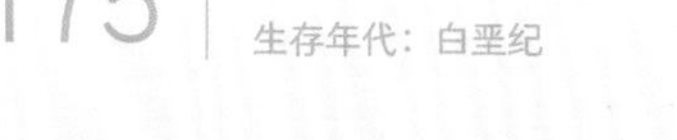

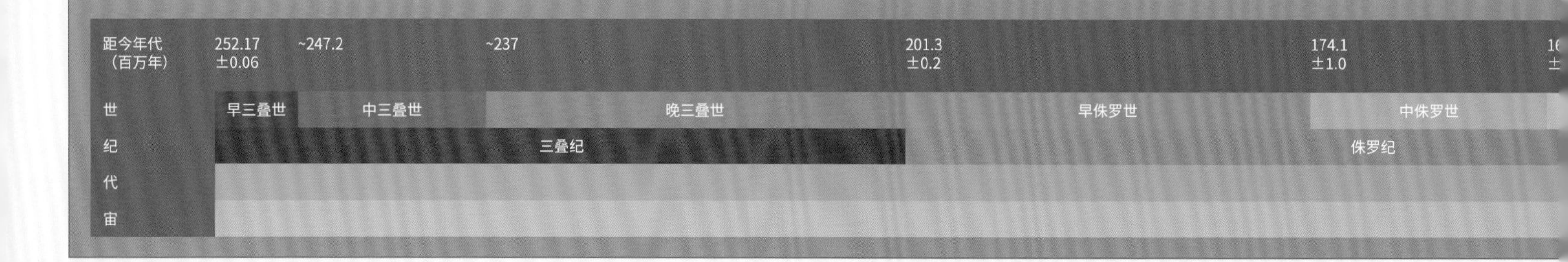

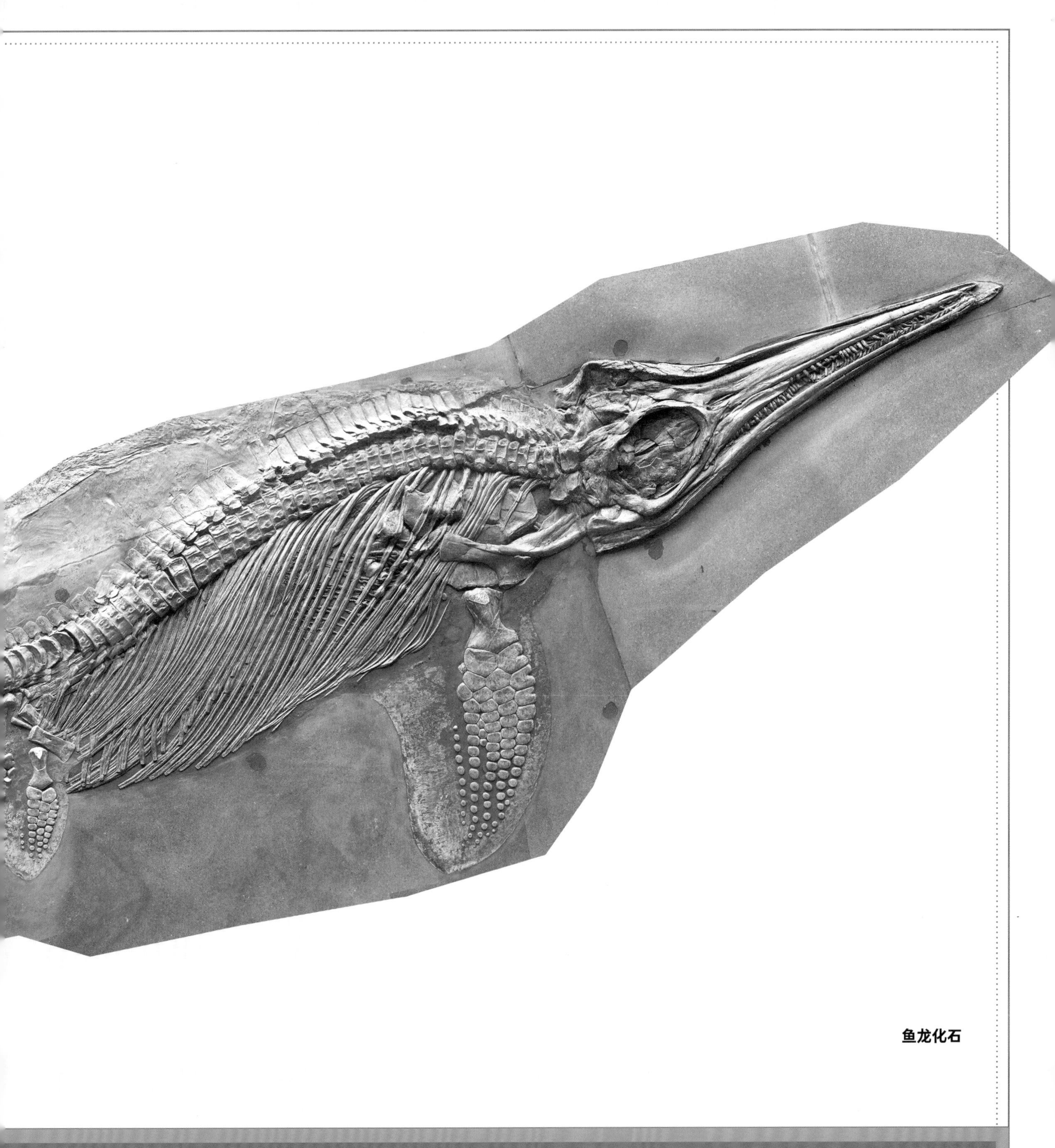

鱼龙化石

~145.0		100.5		66.0

晚侏罗世 早白垩世 晚白垩世

白垩纪

中生代

显生宙

鱼龙——
它为我们展示最神秘的海洋生活

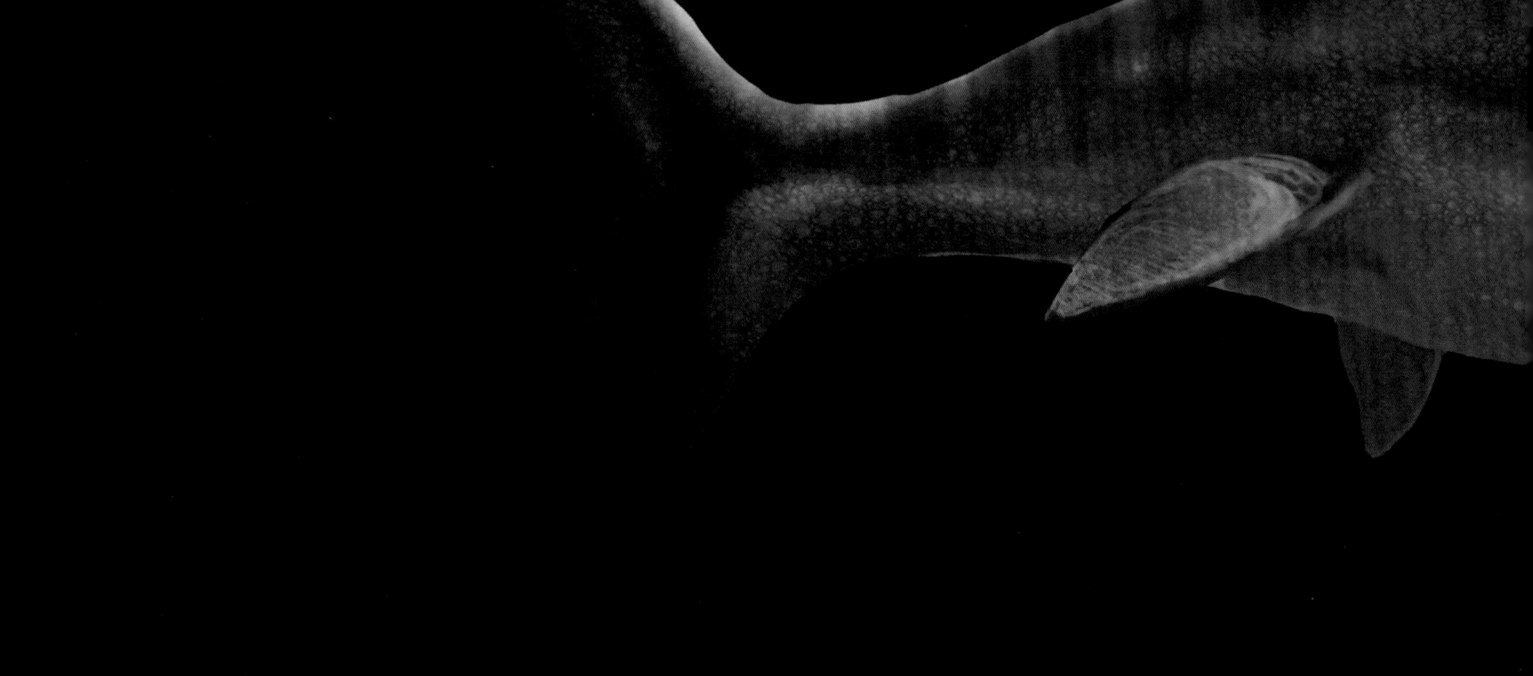

从陆地返回海洋的爬行动物中，有一类非常特别，它们的样子与今天大海中的鱼或海豚很像。虽然它们大部分体型都不太大，但凭借着自己的努力，最终荣登海洋霸主的位置。它们统治海洋世界长达亿万年之久，直到蛇颈龙类的出现，才慢慢衰落下去。它们就是鱼龙类。

鱼龙是鱼龙家族的典型代表，长有细长的脑袋，巨大的眼睛和漂亮的流线型的身体，它们在水中游动的速度非常快，喜欢吃乌贼。

Ichthyosaurus
鱼龙

体型：体长 2 ～ 5 米

食性：乌贼

生存年代：晚三叠世至早侏罗世

化石产地：欧洲、亚洲

在水中舞蹈的
歌津鱼龙

歌津鱼龙是最早出现在鱼龙家族中的成员之一。它的体型不大，流线型的身体上生有小小的尾鳍。它在游泳的时候会左右摇摆身体，以推动自己前进，就像是在跳一支优美的舞蹈。歌津鱼龙的牙齿很短，没办法对付很大的猎物，所以通常情况下，它们都是以小鱼来果腹的。

Utatsusaurus
歌津鱼龙

体型：体长约 3 米

食性：鱼类

生存年代：三叠纪

化石产地：亚洲、北美洲

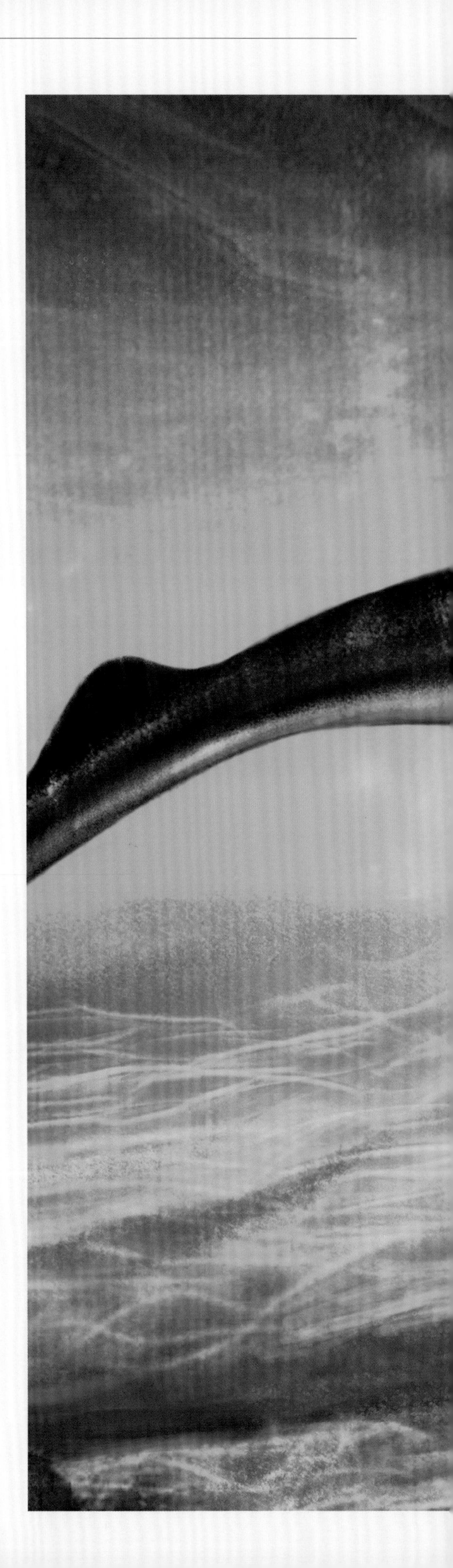

大眼睛的
巢湖龙

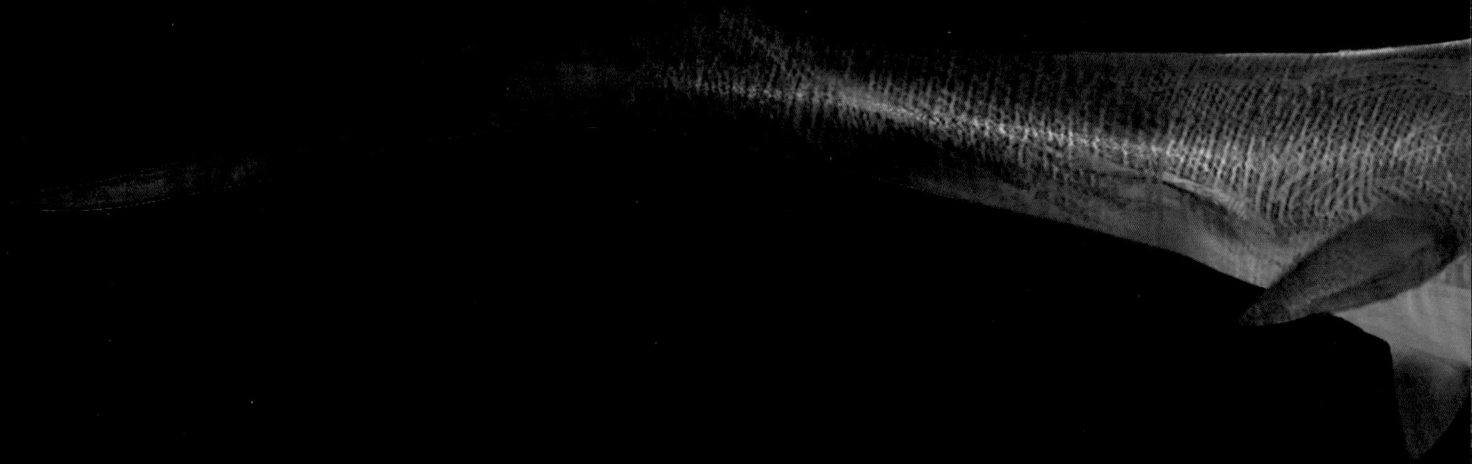

巢湖龙也是比较原始的鱼龙类。它们虽然拥有游泳必备的工具——鳍状肢和尾鳍，但是这些工具看上去都太小了，根本不能在它的前进中发挥很大的作用，所以巢湖龙的行动并不那么敏捷。

不过好在巢湖龙有一双大大的眼睛，能够及时观察到四周的状况，这样能弥补它行动缓慢的不足，帮助它躲避敌人。

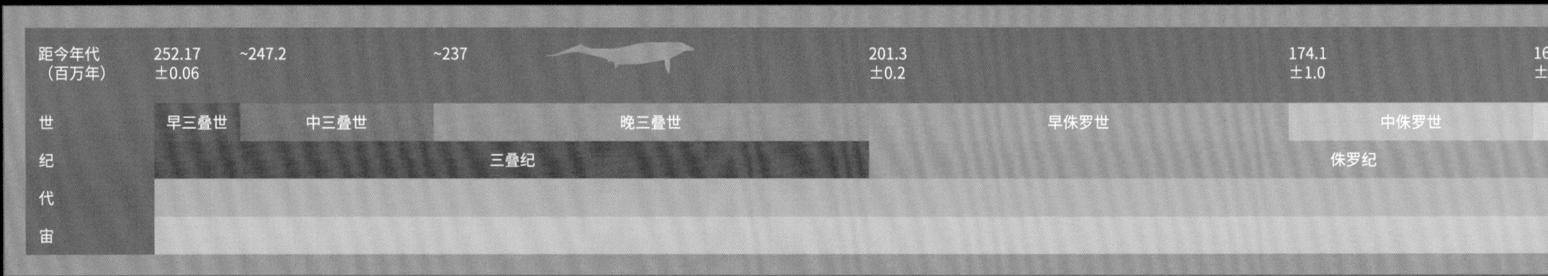

距今年代（百万年）	252.17 ±0.06	~247.2	~237	201.3 ±0.2	174.1 ±1.0
世	早三叠世	中三叠世	晚三叠世	早侏罗世	中侏罗世
纪	三叠纪			侏罗纪	
代					
宙					

Chaohusaurus
巢湖龙

体型：体长 0.7 ～ 1.7 米

食性：鱼类

生存年代：三叠纪

化石产地：亚洲，中国

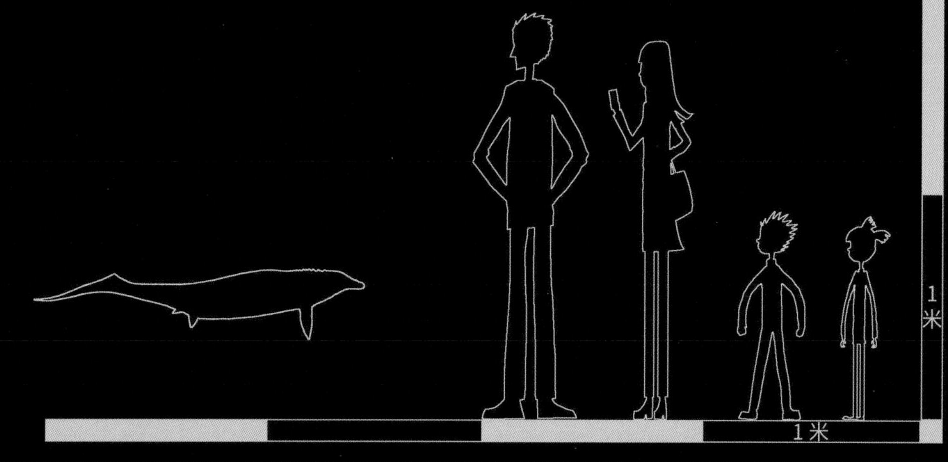

~145.0 100.5 66.0

晚侏罗世 早白垩世 晚白垩世

白垩纪

中生代

显生宙

萨斯特鱼龙——
它是最大的鱼龙吗？

萨斯特鱼龙原本给我们的印象只是体型中等的鱼龙家族成员，但是古生物学家却在加拿大发现了一具庞大的萨斯特鱼龙化石，它的体长达到了 21 米。如果这个研究准确的话，那萨斯特鱼龙就将步入最大型鱼龙的行列了！

绝大部分鱼龙类都具有修长的口鼻部，嘴中长有牙齿，但是萨斯特鱼龙的口鼻部却很短，而且没有牙齿。所以它们的进食方式和爱吃的食物都与其他鱼龙不太一样，它们喜欢吃一些小鱼和无壳的头足类动物。

Shastasaurus
萨斯特鱼龙

体型：体长 4 ~ 8 米，
个别个体体长可达 21 米

食性：鱼、无壳的头足类动物

生存年代：三叠纪

化石产地：北美洲、亚洲

贝萨诺鱼龙——
它们的族群遍布世界各地

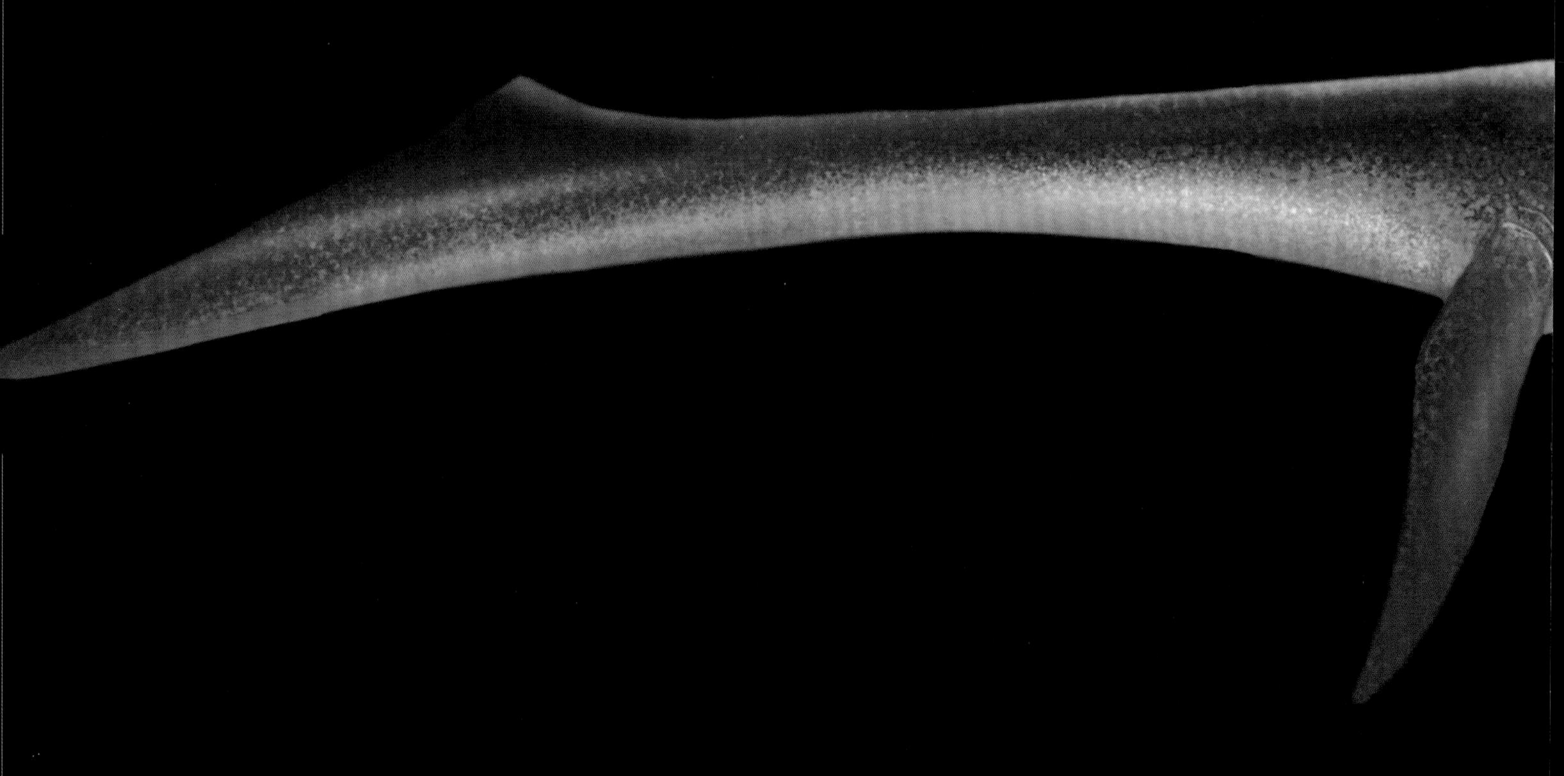

贝萨诺鱼龙并不是一种善于快速游泳的动物，它没有背鳍，尾鳍也比较小，但是这并不妨碍它们成为主宰者。扩大家族成员的数量是它们成为顶级掠食者的重要方法，它们在很短的时间内就成功地让族群遍布世界各地的海洋。

距今年代（百万年）	252.17 ±0.06	~247.2	~237	201.3 ±0.2	174.1 ±1.0	16 ±
世	早三叠世	中三叠世	晚三叠世	早侏罗世	中侏罗世	
纪	三叠纪			侏罗纪		
代						
宙						

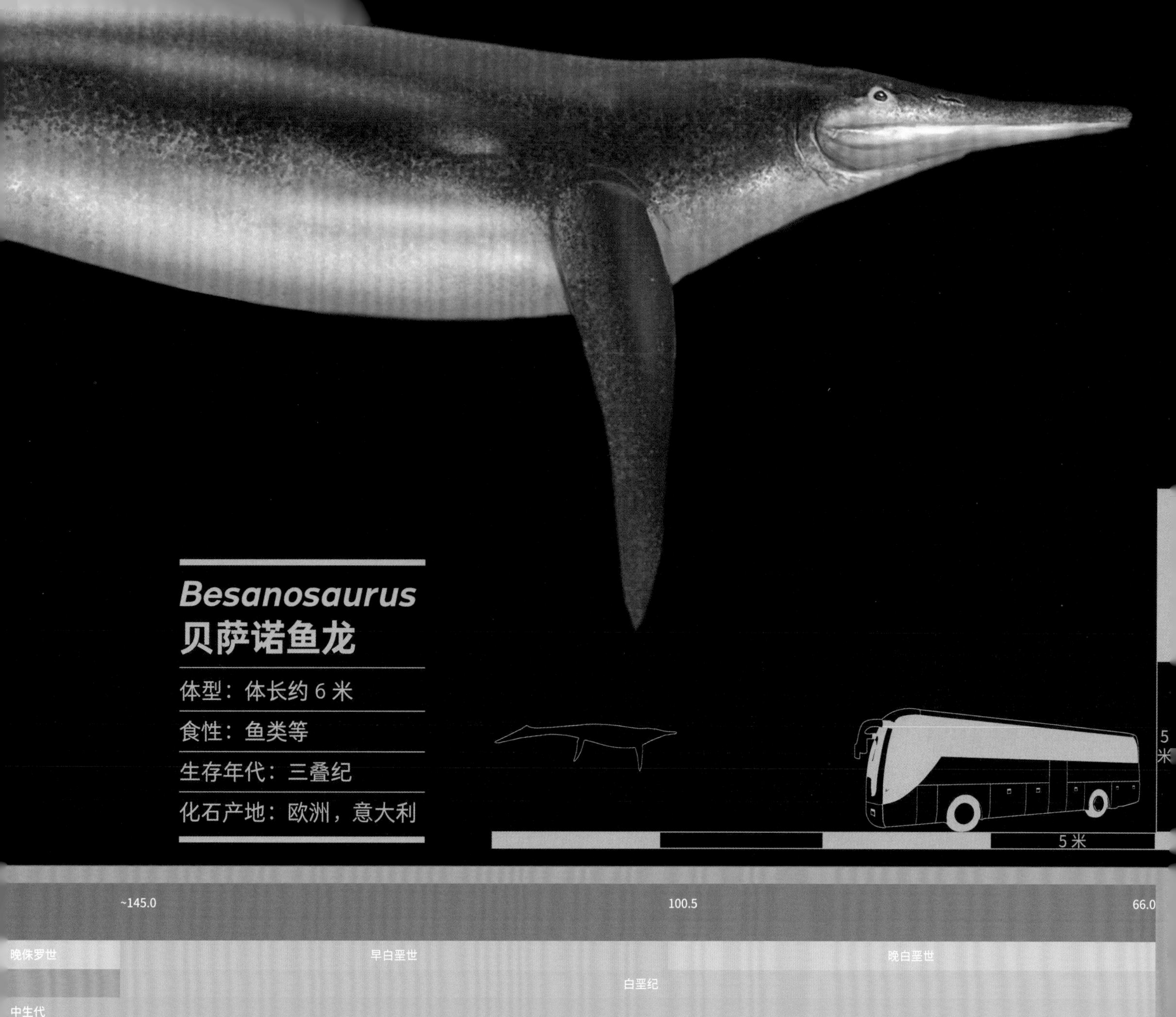

Besanosaurus
贝萨诺鱼龙
体型：体长约 6 米
食性：鱼类等
生存年代：三叠纪
化石产地：欧洲，意大利
5米
5米
~145.0
100.5
66.0
晚侏罗世
早白垩世
晚白垩世
白垩纪
中生代
显生宙

加利福尼亚鱼龙——
它的背上长出了背鳍

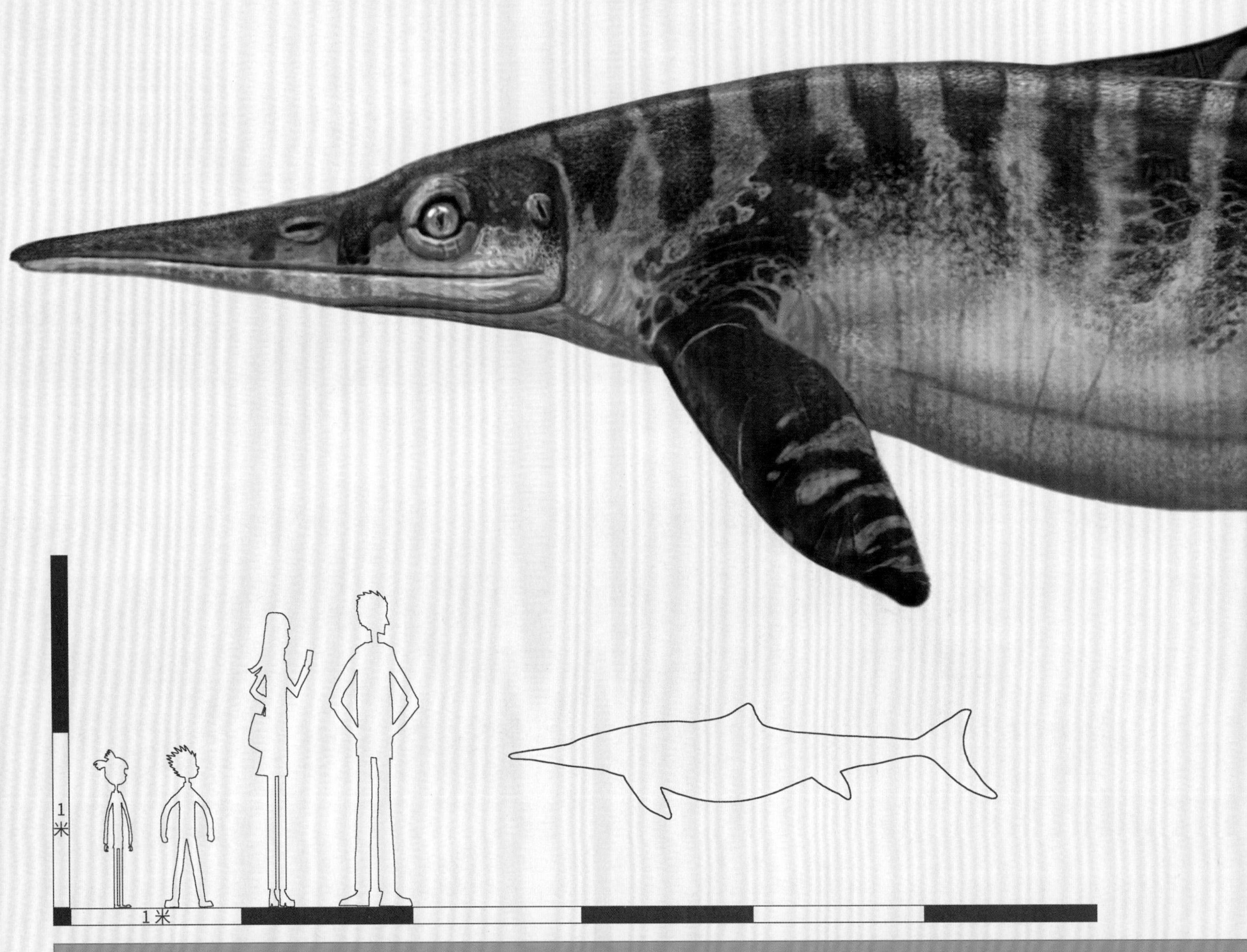

距今年代（百万年）	252.17 ±0.06	~247.2	~237	201.3 ±0.2	174.1 ±1.0
世	早三叠世	中三叠世	晚三叠世	早侏罗世	中侏罗世
纪	三叠纪			侏罗纪	
代					
宙					

长有背鳍在今天的海洋动物身上已经司空见惯，但是对于早期的海生爬行动物来说却是个稀罕事，加利福尼亚鱼龙就想尝试一下。它改变了鱼龙类之前没有背鳍、尾鳍细小、身体更像蜥蜴的形象，它的样子看上去就像今天的海豚，已经可以很好地适应海洋生活了。

Californosaurus 加利福尼亚鱼龙

体型：体长约 3 米

食性：小鱼、小虾

生存年代：三叠纪

化石产地：北美洲，美国

~145.0 100.5 66.0

晚侏罗世 早白垩世 晚白垩世

白垩纪

中生代

显生宙

三叠纪海洋世界的霸主
杯椎鱼龙

杯椎鱼龙是三叠纪海洋世界中的霸主，它们的族群遍布世界各大洋。

杯椎鱼龙的身体比较细长，尾巴比较直，没有漂亮而夸张的尾鳍，背部也没有背鳍。它们的样子看起来并不像后期的鱼龙类那样与海豚接近，而是更像鳗鱼。

Cymbospondylus
杯椎鱼龙

体型：体长 6 ～ 10 米

食性：鱼类

生存年代：三叠纪

化石产地：北美洲、欧洲、亚洲、南美洲、大洋洲

长有菱形尾鳍的
混鱼龙

混鱼龙生存的年代虽然也很早，但是它们的外形看上去已经很像先进的鱼类了。它们拥有圆鼓鼓的身子、四个鳍状肢以及一个特别的尾鳍。它们的尾鳍不像其他同伴那样呈三角形，而是像一个菱形，这给它们提供了足够的动力，能让它们在海洋中快速前行。

混鱼龙的视力不错，能在幽暗的海水中很容易地发现猎物、察觉敌人。

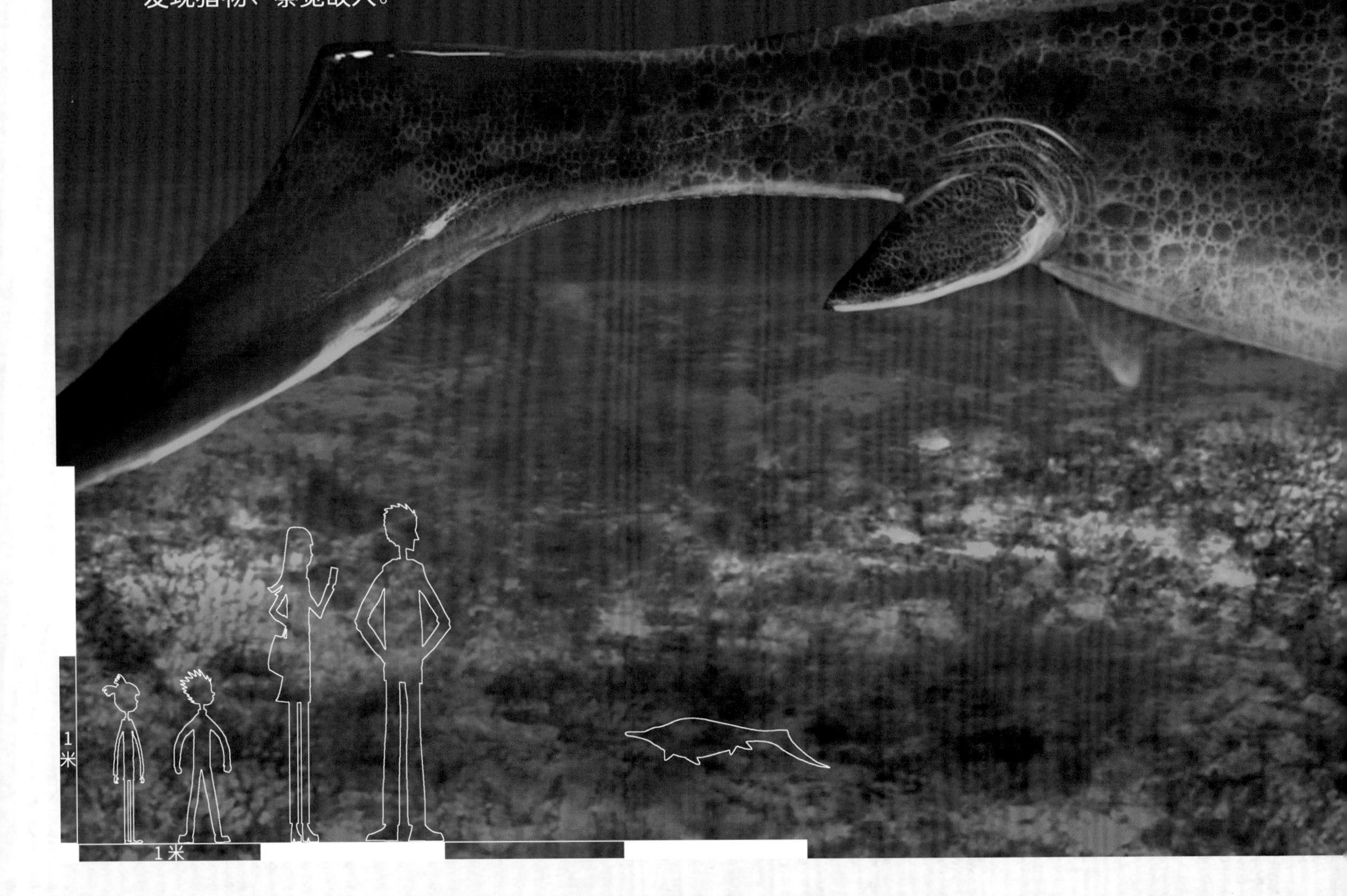

Mixosaurus
混鱼龙

体型：体长 0.8 ～ 1.2 米

食性：鱼类等

生存年代：三叠纪

化石产地：亚洲、欧洲、北美洲

黔鱼龙
捕食小鱼

一段干枯的树杆重重地跌落在三叠纪今天的中国贵州的一处海面上，水下升腾起了一串串气泡。有着超大眼睛的黔鱼龙从菊石群中穿过，它张开血盆大口，追捕一条正在飞速前进的小鱼。

这条小鱼对于黔鱼龙来说，估计只能够塞塞牙缝，不过黔鱼龙可不是挑剔的家伙，对于每一只猎物它都全力以赴。

Qianichthyosaurus
黔鱼龙

体型：体长 1.5 ～ 2.5 米

食性：鱼、乌贼等

生存年代：三叠纪

化石产地：亚洲，中国

肖尼鱼龙——海洋中的潜水艇

夕阳将大海照耀得像宝石一般美丽，映出绚丽的红色。一群肖尼鱼龙从中间穿过，吓走了一群正在觅食的动物。

肖尼鱼龙体长约有 15 米，曾经有体长达到 21 米的化石被归入肖尼鱼龙属，不过后来研究人员认为那其实是一种萨斯特鱼龙。即使是这样，肖尼鱼龙仍旧是巨型鱼龙类，它们就像海中的潜水艇，划动着修长的鳍状肢，在大海中四处寻觅猎物。

Shonisaurus
肖尼鱼龙

体型：体长约 15 米
食性：肉食
生存年代：三叠纪
化石产地：北美洲

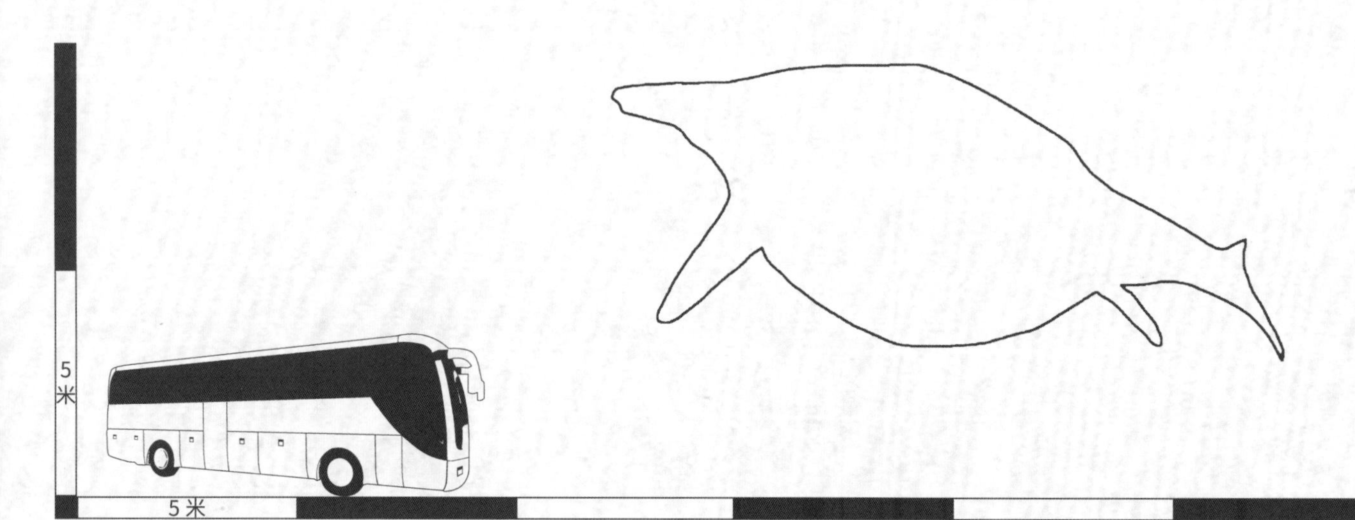

跃出水面的
狭翼鱼龙

阳光真的很好，一只狭翼鱼龙跃出水面，想要感受一下外面世界的美好。

狭翼鱼龙的身体不大，圆鼓鼓的，像一只海豚。不过它的尾巴很长，尾鳍也很大。当这条尾巴左右摇摆时，能给它提供足够的动力。狭翼鱼龙就是凭借速度在激烈的竞争中取胜的。据科学家推测，狭翼鱼龙的游泳速度可能接近现在的鲔鱼——游速最快的鱼类之一。

Stenopterygius
狭翼鱼龙

体型：体长 2 ～ 4 米

食性：鱼类等

生存年代：侏罗纪

化石产地：欧洲

神剑鱼龙——拥有像箭一样的嘴巴

神剑鱼龙喜欢在深海活动，因为它们的视力很好，能适应黑暗的海洋生活。不过这并不是它们最特别的地方，你看到它们奇怪的嘴巴了吗？那才是它们最值得炫耀的地方。它们的上喙又尖又细，长度是下喙的四倍，是它们捕猎的好工具。

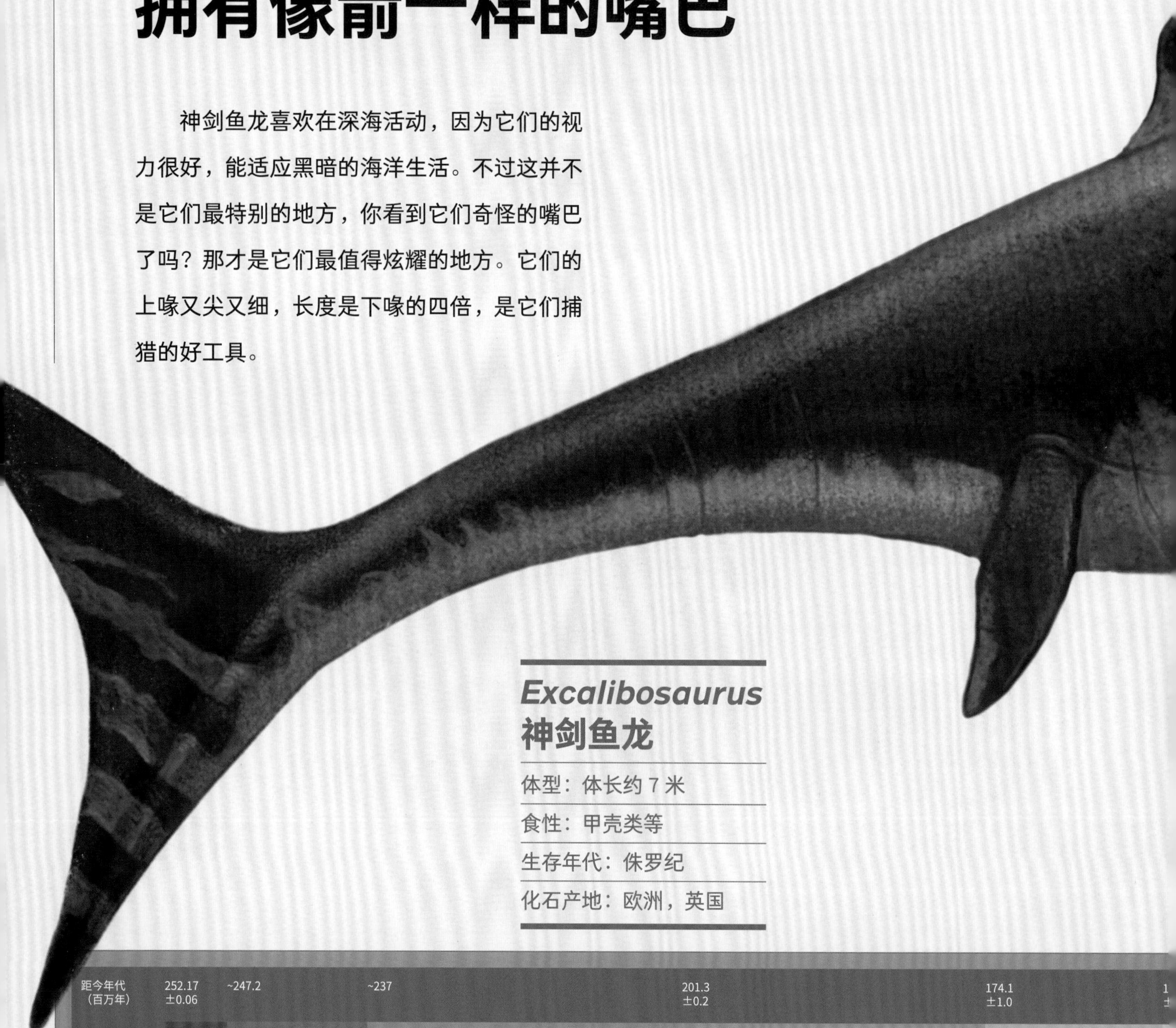

Excalibosaurus 神剑鱼龙

体型：体长约 7 米

食性：甲壳类等

生存年代：侏罗纪

化石产地：欧洲，英国

距今年代（百万年）	252.17 ±0.06	~247.2	~237	201.3 ±0.2	174.1 ±1.0
世	早三叠世	中三叠世	晚三叠世	早侏罗世	中侏罗世
纪	三叠纪			侏罗纪	
代					
宙					

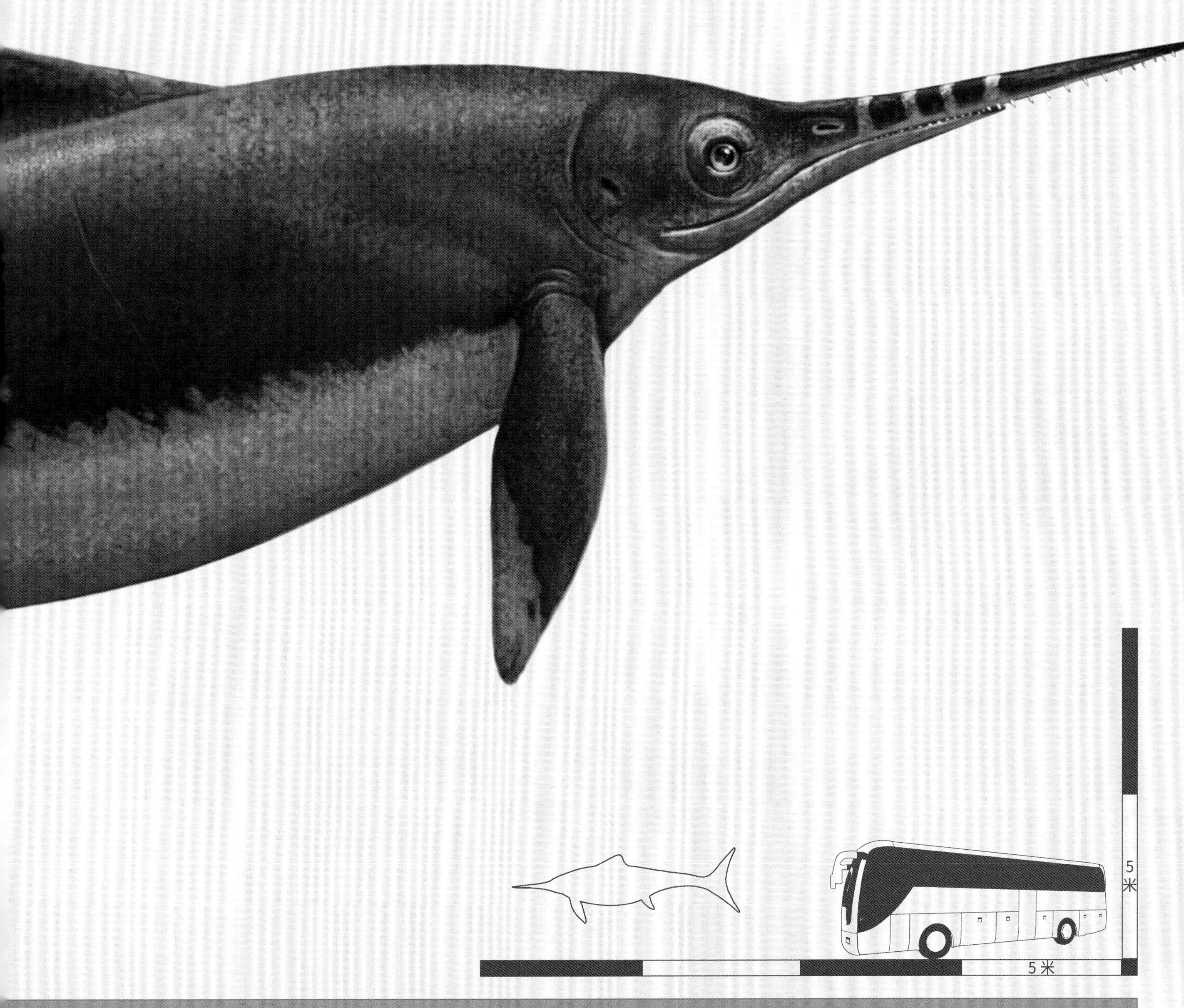

~145.0	100.5	66.0
晚侏罗世	早白垩世	晚白垩世
	白垩纪	
中生代		
显生宙		

真鼻鱼龙——海洋中的武士

真鼻鱼龙和神剑鱼龙是同一个家族的，所以它也长有一个很长很长的上喙，这让它成为了海洋中的武士。但是，它并不会因为这个实施暴力，它甚至在捕食的时候都很绅士。它从不直接撕扯猎物，而是用长长的喙先挑动泥沙，逼迫泥沙中的猎物出逃，然后再把它们收入嘴中。

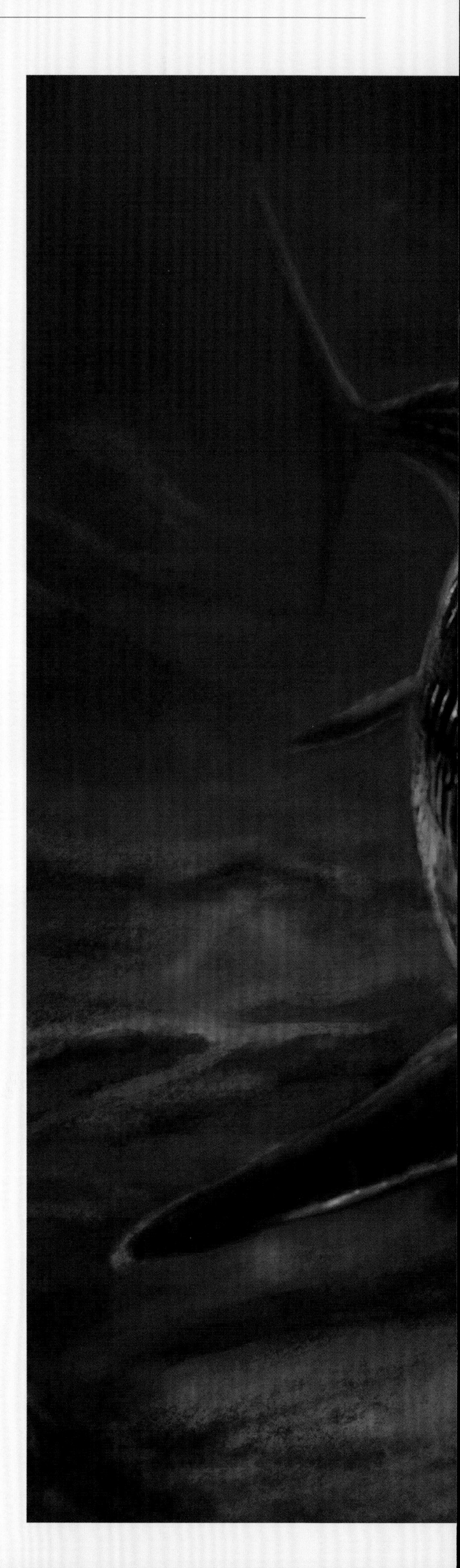

Eurhinosaurus
真鼻鱼龙

体型：体长超过 6 米

食性：甲壳类等

生存年代：侏罗纪

化石产地：欧洲

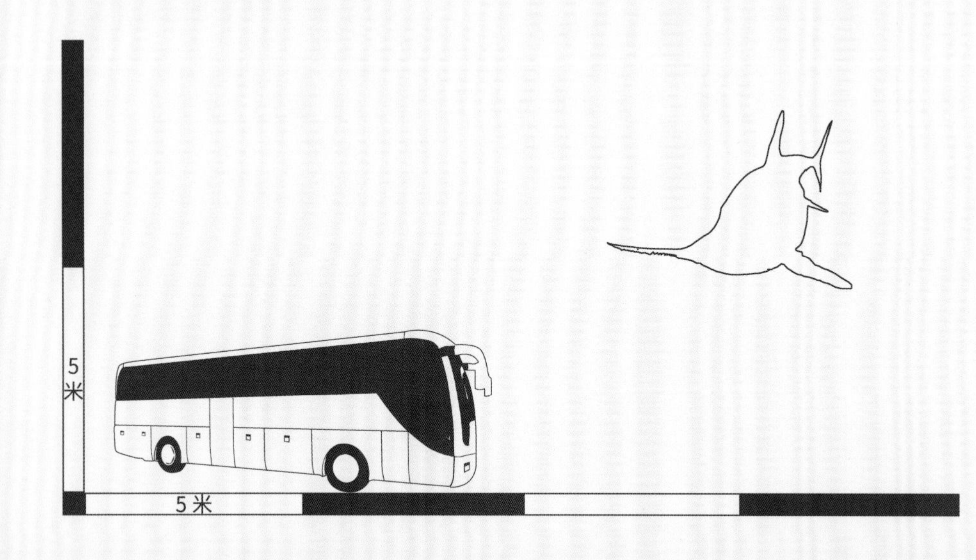

拥有超大眼睛的 大眼鱼龙

在幽深的大海中，大眼鱼龙一家三口向家的方向游去。

大眼鱼龙拥有超大的眼睛，它们眼睛的直径约 22 厘米，而人类的眼睛直径只有大约 2.4 厘米。因为这双大眼睛，它们可以在幽暗的深海或者漆黑的夜间进食捕食，那时候可没有几个家伙会和它们抢食物。大眼鱼龙的嘴巴里没有牙齿，所以它们喜欢吃的食物是像鱿鱼这样可以直接吞到肚子里的家伙。

Ophthalmosaurus 大眼鱼龙

体型：体长 4 ～ 6 米

食性：鱿鱼等

生存年代：侏罗纪

化石产地：欧洲、北美洲、南美洲

大眼鱼龙贝奇科学复原小模型（比例：1:50）

捕食古海龟的 扁鳍鱼龙

一群产卵归来的扁鳍鱼龙正在大开杀戒，这次它们选中了体型庞大的古海龟。

扁鳍鱼龙的体型中等偏大，看上去很像海豚，非常漂亮。它们的嘴巴里布满了锋利的牙齿，这是它们的捕食利器，能轻松地捕获鱼类、乌贼、水鸟，甚至是大型的古海龟。

扁鳍鱼龙是鱼龙家族生存年代最晚的成员之一，它们见证了鱼龙家族的消亡。

Platypterygius
扁鳍鱼龙

体型：体长约 7 米
食性：鱼类，乌贼等
生存年代：白垩纪
化石产地：亚洲、欧洲、南美洲、北美洲、大洋洲

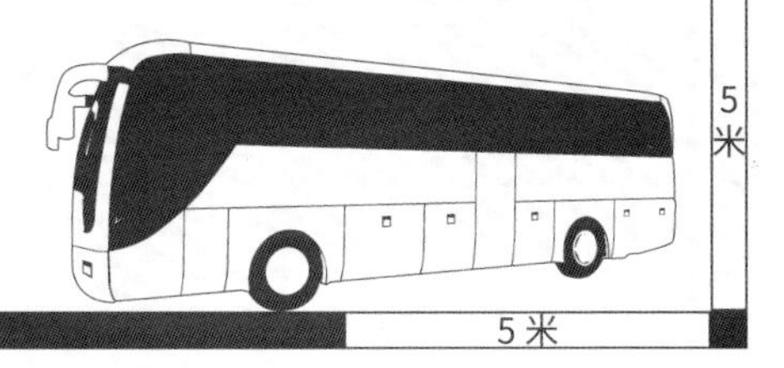

索　引

A

阿氏开普吐龙 *Askeptosaurus* / 024

安哥拉龙 *Angolasaurus* / 120

安顺龙 *Anshunsaurus* / 027

B

白垩龙 *Cimoliasaurus* / 058

薄片龙 *Elasmosaurus* / 070

杯椎鱼龙 *Cymbospondylus* / 158

北碚鳄 *Peipehsuchus* / 109

贝萨诺鱼龙 *Besanosaurus* / 154

璧山上龙 *Bishanopliosaurus* / 074

扁鳍鱼龙 *Platypterygius* / 175

扁掌龙 *Plioplatecarpus* / 124 / 126

彪龙 *Rhomaleosaurus* / 060

C

沧龙 *Mosasaurus* / 136

长颈龙 *Tanystropheus* / 094

长刃龙 *Macroplata* / 088

巢湖龙 *Chaohusaurus* / 150

纯信龙 *Pistosaurus* / 048

D

达克龙 *Dakosaurus* / 098

达拉斯蜥蜴 *Dallasaurus* / 122

大眼鱼龙 *Ophthalmosaurus* / 172

地蜥鳄 *Metriorhynchus* / 106

帝鳄 *Sarcosuchus* / 100

短颈龙 *Brachauchenius* / 080

楯齿龙 *Placodus* / 033

E

F

浮龙 *Plotosaurus* / 134

G

歌津鱼龙 *Utatsusaurus* / 148

龟龙 *Placochelys* / 028

H

海鳗龙 *Muraenosaurus* / 054

海诺龙 *Hainosaurus* / 132

海王龙 *Tylosaurus* / 139

轰龙 *Woolungasaurus* / 066

滑齿龙 *Liopleurodon* / 084

幻龙 *Nothosaurus* / 039

混鱼龙 *Mixosaurus* / 160

I

J

加利福尼亚鱼龙 *Californosaurus* / 156

桨龙 *Eretmosaurus* / 052

巨幻龙 *Nothosaurus giganteus* / 040

K

壳龙 *Ceresiosaurus* / 046

克柔龙 *Kronosaurus* / 078

恐头龙 *Dinocephalosaurus* / 097

L

砾甲龟龙 *Psephochelys* / 036

砾甲龙 *Psephoderma* / 035

猎章龙 *Kaiwhekea* / 068

M
满洲鳄 *Monjurosuchus* / 113
N
泥泳龙 *Peloneustes* / 076
O
鸥龙 *Lariosaurus* / 043
P
Q
潜龙 *Hyphalosaurus* / 110
黔鱼龙 *Qianichthyosaurus* / 162
犰狳鳄 *Armadillosuchus* / 104
球齿龙 *Globidens* / 140
R
S
萨斯特鱼龙 *Shastasaurus* / 152
三尖股龙 *Trinacromerum* / 056
蛇颈龙 *Plesiosaur* / 062
神河龙 *Styxosaurus* / 072
神剑鱼龙 *Excalibosaurus* / 168
双臼椎龙 *Polycotylus* / 082
T
U
V
W
X
狭翼鱼龙 *Stenopterygius* / 166
肖尼鱼龙 *Shonisaurus* / 164
兴义鸥龙 *Lariosaurus xingyiensis* / 044
Y
崖蜥 *Aigialosaurus* / 118
隐锁龙 *Cryptoclidus* / 065
硬椎龙 *Clidastes* / 128
鱼龙 *Ichthyosaurus* / 146
渝州上龙 *Yuzhoupliosaurus* / 086
云贵龙 *Yunguisaurus* / 050
Z
真鼻鱼龙 *Eurhinosaurus* / 170
中国豆齿龙 *Sinocyamodus* / 030
准噶尔鳄 *Junggarsuchus* / 102

参考文献

1, Liu, J. (1999) "Sauropterygian from Triassic of Guizhou, China." *Chinese Science Bulletin*, 44 (14): 1312–1316.

2, Liu, J.; and Rieppel, O. (2005) "Restudy of *Anshunsaurus huangguoshuensis* (Reptilia: Thalattosauria) from the Middle Triassic of Guizhou, China." *American Museum Novitates*, 3488: 1–34.

3, Rieppel, O.; Liu, J.; and Li, C. (2006) "A new species of the thalattosaur genus *Anshunsaurus* (Reptilia: Thalattosauria) from the Middle Triassic of Guizhou Province, southwestern China." *Vertebrata PalAsiatica*, 44: 285–296.

4, Cheng, L.; et al. "A New Species of Late Triassic *Anshunsaurus* (Reptilai; Thalattosauria) from Guizhou Province." *ACTA Geologica Sinica*. 2007, 81: 1-7.

5, Li, C. (2000). "*Placodont* (Reptilia: Placodontia) from Upper Triassic of Guizhou, southwest China." *Vertebrata PalAsiatica*, 38 (4): 314–317.

6, Jiang Dayong, Ryosuke Motani, Hao Weicheng, Oliver Rieppel, Sun Yuanlin, Lars Schmitz and Sun Zuoyu. (2008) "First record of Placodontoidea (Reptilia, Sauropterygia, Placodontia) from the Eastern Tethys." *Journal of Vertebrate Paleontology* (en inglés) ,28 (3): 904–908.

7, Oliver Rieppel. (1995) "The genus *Placodus*: systematics, morphology, paleobiogeography, and paleobiology." *Fieldiana (Geology), New Series*, 31, s. 1–44.

8, Diedrich, C. J., (2010). "Palaeoecology of *Placodus gigas* (Reptilia) and other placodontids -- Middle Triassic macroalgae feeders in the Germanic basin of central Europe--and evidence for convergent evolution with Sirenia." *Palaeogeography, Palaeoclimatology, Palaeoecology*, v. 285, p. 287-306.

9, Li, C. (2002). "A new cyamodontoid placodont from Triassic of Guizhou, China". *Chinese Science Bulletin*, 47 (5): 403.

10, Diedrich, C. (2009) "The vertebrates of the Anisian/Ladinian boundary (Middle Triassic) from Bissendorf (NW Germany) and their contribution to the anatomy, palaeoecology, and palaeobiogeography of the Germanic Basin reptiles." Palaeogeography, Palaeoclimatology, Palaeoecology, 273 (1): 1–16.

11, Rieppel, O. (1994) "The status of the sauropterygian reptile *Nothosaurus juvenilis* from the Middle Triassic of Germany. " *Paleontology*, 37: 733–745.

12, Shang, Q.-H. (2007) "New information on the dentition and tooth replacement of *Nothosaurus* (Reptilia: Sauropterygia). " *Palaeoworld*, 16: 254–263.

13, Albers, P. C. H. (2005) "A new specimen of *Nothosaurus marchicus* with features that relate the taxon to *Nothosaurus winterswijkensis*." *Vertebrate Palaeontology*, 3 (1): 1–7.

14, Klein, N.; and Albers, P. C. H. (2009) "A new species of the sauropsid reptile *Nothosaurus* from the Lower Muschelkalk of the western Germanic Basin, Winterswijk, The Netherlands." *Acta Palaeontologica Polonica*, 54 (4): 589–598.

15, Rieppel, O.; Mazin, J.-M.; and Tchernov, E. (1997) "Speciation along rifting continental margins: a new Nothosaur from the Negev (Israël). " *Comptes Rendus de l'Académie des Sciences Series IIA*, 325 (12): 991–997.

16, Li, J.; and Rieppel, O. (2004) "A new nothosaur from Middle Triassic of Guizhou, China. " *Vertebrata PalAsiatica*, 42 (1): 1–12.

17, Olivier Rieppel, Li Jinling, Liu Jun. (2003) "*Lariosaurus xingyiensis* (Reptilia: Sauropterygia) from the Triassic of China." *Canadian Journal of Earth Sciences*, 40(4): 621-634.

18, Jasmina Hugi (2011). "The long bone histology of Ceresiosaurus (Sauropterygia, Reptilia) in comparison to other eosauropterygians from the Middle Triassic of Monte San Giorgio (Switzerland/Italy)". *Swiss Journal of Palaeontology*, 130 (2): 297–306.

19, Olivier Rieppel (1998). "The status of the sauropterygian reptile genera *Ceresiosaurus*, *Lariosaurus*, and Silvestrosaurus from the Middle Triassic of Europe". Fieldiana: Geology, new series, 38: 1–46.

20, Hilary F. Ketchum and Roger B. J. Benson (2011). "A new pliosaurid (Sauropterygia, Plesiosauria) from the Oxford Clay Formation (Middle Jurassic, Callovian) of England: evidence for a gracile, longirostrine grade of Early-Middle Jurassic pliosaurids". *Special Papers in Palaeontology*, 86: 109–129.

21, Yen-Nien Cheng, Tamaki Sato, Xiao-Chun Wu and Chun Li. (2006). "First complete pistosauroid from the Triassic of China". Journal of Vertebrate Paleontology, 26 (2): 501–504.

22, Tamaki Sato, *Li-jun Zhao, Xiao-Chun Wu, and Chun Li*. (2013). "A new specimen of the Triassic pistosauroid *Yunguisaurus*, with implications for the origin of Plesiosauria (Reptilia, Sauropterygia)." Palaeontology.

23, Brown, David S., and Nathalie Bardet. (1994). "*Plesiosaurus rugosus* Owen, 1840 (currently *Eretmosaurus rugosus*; Reptilia, Plesiosauria): proposed designation of a neotype." *Bulletin of Zoological Nomenclature*, 51.3: 247-249.

24, Wilhelm BC. (2010). "A New Partial Skeleton of a Cryptocleidoid Plesiosaur from the Upper Jurassic Sundance Formation of Wyoming." *Journal of Vertebrate Paleontology*, 30, 6, 1736-1742.

25, O'Keefe FR, and Wahl W. (2003). "Current taxonomic status of the *plesiosaur Pantosaurus* striatus from the Upper Jurassic Sundance Formation, Wyoming". *Paludicola*, 4 (2): 37–46.

26, O'Keefe FR. (2001). "Ecomorphology of plesiosaur flipper geometry." *Journal of Evolutionary Biology*, 14, 6, 987-991.

27, Zammit M. (2008). "Elasmosaur (Reptilia: Sauropterygia) neck flexibility: Implications for feeding strategies." *Comparative Biochemistry and Physiology Part A: Molecular & Integrative Physiology*, 150, 2, 124-130.

28, F. Robin O'Keefe and Hallie P. Street. (2009). "Osteology Of The Cryptoclidoid Plesiosaur Tatenectes laramiensis, With Comments On The Taxonomic Status Of The

Cimoliasauridae". *Journal of Vertebrate Paleontology*, 29 (1): 48–57.
29, Adam S. Smith and Gareth J. Dyke (2008). "The skull of the giant predatory pliosaur *Rhomaleosaurus cramptoni*: implications for plesiosaur phylogenetics." *Naturwissenschaften*, 95: 975–980.
30, Roger B. J. Benson, Hilary F. Ketchum, Leslie F. Noè and Marcela Gómez-Pérez (2011). "New information on *Hauffiosaurus* (Reptilia, Plesiosauria) based on a new *Palaeontology*, 54 (3): 547–571.
31, Adam S. Smith and Peggy Vincent (2010). "A new genus of pliosaur (Reptilia: Sauropterygia) from the Lower Jurassic of Holzmaden, Germany." *Palaeontology*, 53 (5): 1049–1063.
32, Larkin, Nigel; O'Connor, Sonia; Parsons, Dennis. (2010). "The virtual and physical preparation of the Collard plesiosaur from Bridgwater Bay, Somerset, UK". *Geological Curator*, 9 (3): 107.
33, Cheng Y-N., Wu X-C., Ji Q., (2004). "Chinese marine reptiles gave live birth to young."*Nature*, 423: 383–386.
34, Tai Kubo, Mark T. Mitchell & Donald M. Henderson, (2012). "*Albertonectes vanderveldei*, a new elasmosaur (Reptilia, Sauropterygia) from the Upper Cretaceous of Alberta", *Journal of Vertebrate Paleontology*, 32(3): 557-572.
35, Cruickshank, A.R.I., Small, P.G. & Taylor, M.A., 1991, "Dorsal nostrils and hydrodynamically driven underwater olfaction in *plesiosaurs*", *Nature*, 352: 62-64.
36, O'Keefe, F.R. and Chiappe, L.M. (2011). "Viviparity and K-Selected Life History in a Mesozoic Marine Plesiosaur (Reptilia, Sauropterygia). "*Science*, 333 (6044): 870-873.
37, O'Gorman, J.P. & Gasparini, Z., (2013). "Revision of *Sulcusuchus erraini* (Sauropterygia, Polycotylidae) from the Upper Cretaceous of Patagonia, Argentina." *Alcheringa*, 37: 161–174.
38, Brown, David S., and Arthur RI Cruickshank. (1994). "The skull of the Callovian plesiosaur *Cryptoclidus eurymerus*, and the sauropterygian cheek." *Palaeontology* , 37.4: 941.
39, Benson, R. B. J.; Evans, M.; Druckenmiller, P. S. (2012). Lalueza-Fox, Carles, ed. "High Diversity, Low Disparity and Small Body Size in *Plesiosaurs* (Reptilia, Sauropterygia) from the Triassic–Jurassic Boundary". *PLoS ONE* ,7 (3): e31838.
40, Cruickshank, Arthur R.I. and Fordyce, R. Ewan. (2002). "A new marine reptile (Sauropterygia) from New Zealand: further evidence for a Late Cretaceous austral radiation of cryptoclidid plesiosaurs". *Palaeontology* ,45 (3): 557–575.
41, Ketchum, H. F., and Benson, R. B. J. (2010). "Global interrelationships of Plesiosauria (Reptilia, Sauropterygia) and the pivotal role of taxon sampling in determining the outcome of phylogenetic analyses". *Biological Reviews*, 85: 361–392.
42, Carpenter, K. (1999). "Revision of North American elasmosaurs from the Cretaceous of the western interior". *Paludicola* ,2(2): 148-173.
43, Carpenter, K. (2003). "Vertebrate Biostratigraphy of the Smoky Hill Chalk (Niobrara Formation) and the Sharon Springs Member (Pierre Shale)." *High-Resolution Approaches in Stratigraphic Paleontology*, 21: 421-437.
44, Sachs, S. (2004). "Redescription of *Woolungasaurus glendowerensis* (Plesiosauria: Elasmosauridae) from the. Lower Cretaceous of Northeast Queensland". *Memoirs of the Quennsland Museum*, 49:215-233.
45, Sachs, S. (2005). "Redescription of *Elasmosaurus platyurus*, Cope 1868 (Plesiosauria: Elasmosauridae) from the Upper Cretaceous (lower Campanian) of Kansas, U.S.A". *Paludicola* 5(3): 92-106.
46, Sato, Tamaki. (2003). "*Terminonatator ponteixensis*, a new elasmosaur (Reptilia:Sauropterygia) from the Upper Cretaceous of Saskatchewan". *Journal of Vertebrate Paleontology*, 23(1): 89–103.
47, Williston S. W. (1890a). "Structure of the Plesiosaurian Skull". *Science*, 16 (405): 262.
48, Kear BP. (2003). "Cretaceous marine reptiles of Australia: a review of taxonomy and distribution." *Cretaceous Research*, 24: 277–303.
49, Romer AS, Lewis AD. (1959). "A mounted skeleton of the giant plesiosaur *Kronosaurus*. " *Breviora*, 112: 1-15.
50, Sachs S. (2005). "*Tuarangisaurus australis* sp. nov. (Plesiosauria: Elasmosauridae) from the Lower Cretaceous of northeastern Queensland, with additional notes on the phylogeny of the Elasmosauridae. " *Memoirs of the Queensland Museum*, 50 (2): 425-440.
51, Schumacher, B. A.; Carpenter, K.; Everhart, M. J. (2013). "A new Cretaceous Pliosaurid (Reptilia, Plesiosauria) from the Carlile Shale (middle Turonian) of Russell County, Kansas". *Journal of Vertebrate Paleontology*, 33 (3): 613.
52, Hampe O. (2005). "Considerations on a *Brachauchenius* skeleton (Pliosauroidea) from the lower Paja Formation (late Barremian) of Villa de Leyva area (Colombia). " *Fossil Record - Mitteilungen aus dem Museum für Naturkunde in Berlin*, 8 (1): 37-51.
53, Everhart MJ. (2007). "Historical note on the 1884 discovery of *Brachauchenius lucasi* (Plesiosauria; Pliosauridae) in Ottawa County, Kansas." *Kansas Academy of Science, Transactions*, 110 (3/4): 255-258.
54, O'Keefe, F.R. (2004). "On the cranial anatomy of the polycotylid plesiosaurs, including new material of *Polycotylus latipinnis*, Cope, from Alabama". *Journal of Vertebrate Paleontology*, 24 (2): 326–34.
55, Albright, L.B. III; Gillette, D.D.; Titus, A.L. (2007). "Plesiosaurs from the Upper Cretaceous (Cenomanian-Turonian) Tropic Shale of southern Utah, Part 2: Polycotylidae". *Journal of Vertebrate Paleontology*, 27 (1): 41–58.
56, Noe, Leslie F.; Jeff Liston; Mark Evans (2003). "The first relatively complete

exoccipital-opisthotic from the braincase of the Callovian pliosaur, Liopleurodon". *Geological Magazine*, 140 (4): 479–486.

57, Long Jr, J. H.; Schumacher, J.; Livingston, N.; Kemp, M. (2006). "Four flippers or two? Tetrapodal swimming with an aquatic robot". *Bioinspir. & Biomim*, 1: 20–29.

58, Zhang, Y (1985). "A new plesiosaur from Middle Jurassic of Sichuan Basin". *Vertebrata PalAsiatica*, 23: 235–240.

59, Rieppel, O., Jiang, DY., Fraser, N.C., Hao, W.C., Motani, R., Sun, YL., Sun, ZY. (2010). "*Tanystropheus* cf. T. longobardicus from the Early Late Triassic of Guizhou Province, Southwestern China." *Journal of Vertebrate Paleontology*, 30(4):1082–1089.

60, Li,C., Rieppel, O.,LaBarbera, M.C. (2004) "A Triassic Aquatic Protorosaur with an Extremely Long Neck ", *Science* , 305 (5692):1931.

61, Buchy M-C, Stinnesbeck W, Frey E, Gonzalez AHG. (2007). "First occurrence of the genus *Dakosaurus* (Crocodyliformes, Thalattosuchia) in the Late Jurassic of Mexico. " *Bulletin de la Societe Geologique de France*, 178 (5): 391-397.

62, Buchy M-C. (2008). "New occurrence of the genus *Dakosaurus* (Reptilia, Thalattosuchia) in the Upper Jurassic of north-eastern Mexico with comments upon skull architecture of *Dakosaurus* and *Geosaurus*. "*Neues Jahrbuch für Geologie und Paläontologie, Abhandlungen*, 249 (1): 1-8.

63, Andrea Cau; Federico Fanti (2011). "The oldest known metriorhynchid crocodylian from the Middle Jurassic of North-eastern Italy: *Neptunidraco ammoniticus* gen. et sp. Nov." *Gondwana Research*, 19 (2): 550–565.

64, Massare JA. (1988). "Swimming capabilities of Mesozoic marine reptiles; implications for method of predation. "*Paleobiology* , 14 (2):187-205.

65, Fernández M, Gasparini Z. (2000). "Salt glands in a Tithonian metriorhynchid crocodyliform and their physiological significance. " *Lethaia*, 33: 269-276.

66, Sereno, Paul C.; Larson, Hans C. E.; Sidor, Christian A.; Gado, Boubé (2001). "The Giant Crocodyliform *Sarcosuchus* from the Cretaceous of Africa". *Science* , 294 (5546): 1516–9.

67, Buffetaut, E.; Taquet, P. (1977). "The Giant Crocodilian *Sarcosuchus* in the Early Cretaceous of Brazil and Niger." *Paleontology*, 20 (1).

68, Webb, G. J. W.; Messel, Harry (1978). "Morphometric Analysis of C. porosus from the North Coast of Arnhem Land, Northern Australia.". *Australian Journal of Zoology*, 26.

69, Head, J. J. (2001). "Systematics and body size of the gigantic, enigmatic crocodyloid Rhamphosuchus crassidens, and the faunal history of Siwalik Group (Miocene) crocodylians". *Journal of Vertebrate Paleontology*, 21 (Supplement to No. 3): 59A.

70, Erickson, G. M.; Brochu, C. A. (1999). "How the "terror crocodile" grew so big". *Nature* , 398 (6724).

71, Clark, James M.; Xing Xu; Forster, Catherine A.; and Yuan Wang (2004). "A Middle Jurassic 'sphenosuchian' from China and the origin of the crocodylian skull". *Nature* , 430 (7003): 1021–1024.

72, Marinho, Thiago S.; Carvalho, Ismar S. (2009). "An armadillo-like sphagesaurid crocodyliform from the Late Cretaceous of Brazil". *Journal of South American Earth Sciences*, 27 (1): 36–41.

73, Forrest R. (2003). "Evidence for scavenging by the marine crocodile *Metriorhynchus* on the carcass of a plesiosaur." *Proceedings of the Geologists' Association*, 114: 363-366.

74, Gandola R, Buffetaut E, Monaghan N, Dyke G. (2006). "Salt glands in the fossil crocodile *Metriorhynchus." Journal of Vertebrate Paleontology*, 26 (4): 1009-1010.

75, Li, J., (1993). "A new specimen of *Peipehsuchus teleorhinus* from Ziliujing formation of Daxian, Sichuan."*Vertebrata PalAsiatica*, v. 31, n. 2, p. 85-94.

76, Gao, K.-Q. and Ksepka, D.T. (2008). "Osteology and taxonomic revision of *Hyphalosaurus* (Diapsida: Choristodera) from the Lower Cretaceous of Liaoning, China." *Journal of Anatomy*, 212(6): 747–768.

77, Buffetaut, E., Li, J., Tong, H., and Zhang, H. (2006). "A two-headed reptile from the Cretaceous of China." *Biology Letters*, 3(1): 80-81.

78, Hou, L.-H., Li, P.-P., Ksepka, D.T., Gao, K.-Q. and Norell, M.A. (2010). "Implications of flexible-shelled eggs in a Cretaceous choristoderan reptile." *Proceedings of the Royal Society B*, 277(1685): 1235-1239.

79, Smith, J.B. and Harris, J.D. (2001). "A taxonomic problem concerning two diapsid genera from the lower Yixian Formation of Liaoning Province, northeastern China." *Journal of Vertebrate Paleontology*, 21(2): 389–391.

80, Matsumoto, R.; Evans, S.E.; Manabe, M. (2007). "The choristoderan reptile Monjurosuchus from the Early Cretaceous of Japan." *Acta Palaeontologica Polonica*, 52 (2): 329–350.

81, Gao, K.-Q.; Fox, R.C. (2005). "A new choristodere (Reptilia: Diapsida) from the Lower Cretaceous of western Liaoning Province, China, and phylogenetic relationships of Monjurosuchidae". *Zoological Journal of the Linnean Society*, 145 (3): 427–444.

82, Lindgren, J., & Siverson, M. (2004). "The first record of the mosasaur Clidastes from Europe and its palaeogeographical implications." *Acta Palaeontologica Polonica*, 49, 219-234.

83, Aaron R. H. Leblanc, Michael W. Caldwell and Nathalie Bardet (2012). "A new mosasaurine from the Maastrichtian (Upper Cretaceous) phosphates of Morocco and its implications for mosasaurine systematics". *Journal of Vertebrate Paleontology*, 32 (1): 82–104.

84, Lingham-Soliar, T. (1998). "Unusual death of a Cretaceous giant." *Lethaia* 31:308–310.

85, Camp, C.L. (1951). "*Plotosaurus*, a new generic name for *Kolposaurus* Camp, preoccupied." *Journal of Paleontology*, 25:822.

86, Lindgren, J., Jagt, J.W.M., and Caldwell, M.W. (2007). "A fishy mosasaur: the axial skeleton of *Plotosaurus* (Reptilia, Squamata) reassessed. "*Lethaia* ,40:153-160.

87, Dutchak, Alex R.; and Caldwell, Michael W. (2009)."A redescription of *Aigialosaurus* (= Opetiosaurus) *bucchichi* (Kornhuber, 1901) (Squamata: Aigialosauridae) with comments on mosasauroid systematics".*Journal of Vertebrate Paleontology*, 29 (2): 437-452.

88, Tod W. Reeder, Ted M. Townsend, Daniel G. Mulcahy, Brice P. Noonan, Perry L. Wood Jr., Jack W. Sites Jr., and John J. Wiens. (2015). "Integrated analyses resolve conflicts over Squamate reptile phylogeny and reveal unexpected placements for fossil taxa" *PLOS ONE* 10(3): e0118199.

89, Grigoriev, D. V. (2013). "Redescription of *Prognathodon lutugini* (Squamata, Mosasauridae)." *Proceedings of the Zoological Institute RAS*, 317(3): 246-261.

90, Lindgren J. (2002). "Tylosaurus ivoensis: a giant mosasaur from the early Campanian of Sweden." *Transactions of the Royal Society of Edinburgh*, 105: 73 - 93.

91, Everhart MJ. (2002). New data on cranial measurements and body length of the mosasaur, *Tylosaurus nepaeolicus* (Squamata; Mosasauridae), from the Niobrara Formation of western Kansas. *Kansas Academy of Science, Transactions*, 105 (1-2): 33-43.

92, Russel, Dale (1975). "A new species of *Globidens* from South Dakota, and a review of globidentine mosasaurs". *Fieldiana Geology*, 33 (13): 235–256.

93, Lingham-Soliar, T. (1991). "Mosasaurs from the Upper Cretaceous of Niger". *Palaeontology*, 34 (3): 653–670.

94, Polcyn, M. J., Jacobs, L. L., Schulp, A. S., and Mateus, O. (2010). "The North African Mosasaur *Globidens phosphaticus* from the Maastrichtian of Angola. " *Historical Biology*, 22(3):175-185.

95, Mulder, E.W.A. (1999). "Transatlantic latest Cretaceous mosasaurs (Reptilia, Lacertilia) from the Maastrichtian type area and New Jersey." *Geologie en Mijnbouw*, 78: 281–300.

96, Harrell, T. L.; Martin, J. E. (2014). "A mosasaur from the Maastrichtian Fox Hills Formation of the northern Western Interior Seaway of the United States and the synonymy of Mosasaurus maximus with Mosasaurus hoffmanni (Reptilia: Mosasauridae)". *Netherlands Journal of Geosciences - Geologie en Mijnbouw*, 94: 23.

97, Hallie P. Street & Michael W. Caldwell (2014). "Reassessment of Turonian mosasaur material from the 'Middle Chalk' (England, U.K.), and the status of Mosasaurus gracilis Owen, 1849." *Journal of Vertebrate Paleontology*, 34 (5): 1072–1079.

98, Dean R. Lomax (2010). "An Ichthyosaurus (Reptilia, Ichthyosauria) with gastric contents from Charmouth, England: First report of the genus from the Pliensbachian". *Paludicola*, 8 (1): 22–36.

99, Martill D.M. (1993). "Soupy Substrates: A Medium for the Exceptional Preservation of Ichthyosaurs of the Posidonia Shale (Lower Jurassic) of Germany." *Kaupia - Darmstädter Beiträge zur Naturgeschichte*, 2: 77-97.

100, Michael W. Maisch and Andreas T. Matzke (2003). "Observations on Triassic ichthyosaurs. Part XII. A new Lower Triassic ichthyosaur genus from Spitzbergen". *Neues Jahrbuch für Geologie und Paläontologie Abhandlungen*, 229: 317–338.

101, Shang Qing-Hua, Li Chun (2009). "On the occurrence of the ichthyosaur Shastasaurus in the Guanling Biota (Late Triassic), Guizhou, China." *Vertebrata PalAsiatica*, 47 (3): 178–193.

102, Nicholls, E.L.; Manabe, M. (2004). "Giant ichthyosaurs of the Triassic - a new species of Shonisaurus from the Pardonet Formation (Norian: Late Triassic) of British Columbia". *Journal of Vertebrate Paleontology*, 24 (3): 838–849.

103, Sander PM, Chen X, Cheng L, Wang X (2011). Claessens L, ed. "Short-Snouted Toothless Ichthyosaur from China Suggests Late Triassic Diversification of Suction Feeding Ichthyosaurs."*PLoS ONE*, 6 (5): e19480.

104, Ji, C.; Jiang, D. Y.; Motani, R.; Hao, W. C.; Sun, Z. Y.; Cai, T. (2013). "A new juvenile specimen of Guanlingsaurus (Ichthyosauria, Shastasauridae) from the Upper Triassic of southwestern China". *Journal of Vertebrate Paleontology*, 33 (2): 340.

105, Xiaofeng, W.; Bachmann, G. H.; Hagdorn, H.; Sander, P. M.; Cuny, G.; Xiaohong, C.; Chuanshang, W.; Lide, C.; Long, C.; Fansong, M.; Guanghong, X. U. (2008). "The Late Triassic Black Shales of the Guanling Area, Guizhou Province, South-West China: A Unique Marine Reptile and Pelagic Crinoid Fossil Lagerstätte". *Palaeontology*, 51: 27.

106, M. W. Maisch. (2010). "Phylogeny, systematics, and origin of the Ichthyosauria - the state of the art." *Palaeodiversity*, 3:151-214.

107, Shikama, T., T. Kamei, and M. Murata, (1977) "Early Triassic Ichthyosaurus, *Utatsusaurus hataii* Gen. et Sp. Nov., from the Kitakami Massif, Northeast Japan. " *Science Reports of the Tohoku University Second Series (Geology)*, 48(1–2): p. 77-97.

108, Xiaohong Chen, P. Martin Sander, Long Cheng and Xiaofeng Wang (2013). "A New Triassic Primitive Ichthyosaur from Yuanan, South China." *Acta Geologica Sinica* (English Edition) ,87 (3): 672–677.

109, Young, C.C.; Dong, Z. (1972). "On the Triassic aquatic reptiles of China". *Memoires of the Nanjing Institute of Geology and Paleontology*, 9: 1–34.

110, Liezhu, Chen (1985). "Ichthyosaurs from the lower Triassic of Chao County." *Anhui Regional Geology of China*, 15: 139–146.

111, Motani, R.; You, H. (1998). "Taxonomy and limb ontogeny of *Chaohusaurus geishanensis* (Ichthyosauria), with a note on the allometric equation". *Journal of Vertebrate Paleontology*, 18: 533–540.

112, McGowan, C. (1986). "A putative ancestor for the swordfish-like ichthyosaur *Eurhinosaurus*". *Nature*, 322 (6078): 454–456.

113, McGowan, C. (2003). "A new Specimen of *Excalibosaurus* from the English Lower Jurassic". *Journal of Vertebrate Paleontology*, 23 (4): 950–956.

114, Motani, R. (1999). "Phylogeny of the Ichthyopterygia. " *Journal Of Vertebrate Paleontology*, 19 (3): 473 – 496.

115, Motani, R.; et al. (1999). "The skull and Taxonomy of Mixosaurus (Ichthyoptergia)". *Journal of Paleontology*, 73: 924–935.

116, Motani, R.; et al. (1996). "Eel like swimming in the earliest ichthyosaurs". *Nature*, 382: 347–388.

117, Jiang, D.; et al. (2006). "A new mixosaurid ichthyosaur from the Middle Triassic". *Journal of Vertebrate Paleontology*, 26: 60–69.

118, Michael W. Maisch (2008). "Revision der Gattung *Stenopterygius* Jaekel, 1904 emend. von Huene, 1922 (Reptilia: Ichthyosauria) aus dem unteren Jura Westeuropas". *Palaeodiversity* ,1: 227–271.

119, Fischer, V.; Masure, E.; Arkhangelsky, M.S.; Godefroit, P. (2011). "A new Barremian (Early Cretaceous) ichthyosaur from western Russia." *Journal of Vertebrate Paleontology*, 31 (5): 1010–1025.

120, Reisdorf AG, Maisch MW & Wetzel A. (2011). "First record of the leptonectid ichthyosaur *Eurhinosaurus longirostris* from the Early Jurassic of Switzerland and its stratigraphic framework. "*Swiss Journal of Geosciences*, 104(2): 211-224.

赵闯和杨杨
以及
PNSO地球故事科学艺术创作计划（2010—2070）

赵闯和杨杨是一个科学艺术家团体，其中赵闯先生是一位科学艺术家，杨杨女士是一位科学童话作家。两人于 2010 年 6 月 1 日在北京正式宣布成立“PNSO 啄木鸟科学艺术小组”，开始职业化的科学艺术创作与研究事业，同时启动“PNSO 地球故事科学艺术创作计划（2010—2070）”。该计划旨在通过科学艺术这一古老的叙事形式，基于最新科学进程的研究成果，讲述生命演化过程中物种、自然环境、社群、文化等事物的内在关系，以人类文明视角表达地球的过去、现在与未来，创始人赵闯先生和杨杨女士希望通过持续 60 年的科学艺术和文学作品创作与理论研究，以出版、展览、课程等多种知识分享方式，为科研机构和公众尤其是青少年提供科学艺术服务。

目前，PNSO 已经独立或参与完成了多个重要的创作与研究项目，成果广泛被社会各界应用与传播。在专业合作方面，PNSO 接受全球多个重点实验室的邀请进行科学艺术创作，为人类正在进行的前沿科学探索提供专业支持，众多作品发表在《自然》《科学》《细胞》等全球著名的科学期刊上。在大众传播方面，大量作品被包括《纽约时报》《华盛顿邮报》《卫报》《朝日新闻》《人民日报》以及 BBC、CNN、福克斯新闻、CCTV 等在内的全球上千家媒体的科学报道中刊发和转载，用于帮助公众了解最新的科学事实与进程。在公共教育方面，PNSO 与包括美国自然历史博物馆、中国科学院、诺丁汉城市博物馆、重庆自然博物馆等在内的全球各地的公共科学组织合作推出了多个展览项目，与世界青年地球科学家联盟、国际地球科学议题基金会等国际组织联合完成了多个国际合作项目，帮助不同地区的青少年了解和感受科学艺术的魅力。

一、达尔文计划：生命科学艺术创作工程

1.1 全球发现的代表性恐龙类古生物化石生命形象重建科学艺术创作项目

1.2 全球发现的代表性翼龙类古生物化石生命形象重建科学艺术创作项目

1.3 全球发现的代表性水生爬行动物类古生物化石生命形象重建科学艺术创作项目

1.4 全球发现的代表性新生代古兽类古生物化石生命形象重建科学艺术创作项目

1.5 澄江生物群——中国云南澄江地区发现的代表性寒武纪早期生命古生物化石生命形象重建科学艺术创作项目

1.6 热河生物群——中国辽西地区发现的代表性中生代古生物化石生命形象重建科学艺术创作项目

1.7 全球发现的代表性最早期与早期人类古生物化石生命形象重建科学艺术创作项目

1.8 全球发现的代表性与最早期和早期人类共生的其他动物古生物化石生命形象重建科学艺术创作项目

1.9 现代人类生命形象科学艺术创作项目

1.10 代表性猫科动物生命形象科学艺术创作项目

1.11 代表性犬科动物生命形象科学艺术创作项目

1.12 代表性长鼻目动物生命形象科学艺术创作项目

1.13 代表性熊科动物生命形象科学艺术创作项目

二、伽利略计划：星座艺术创作工程

2.1 用科学艺术视角呈现与现代天文学中八十八星座有关的古希腊神话角色创作项目

2.2 用科学艺术视角呈现与星座文化中十大守护神有关的古希腊神话角色创作项目

三、星岛乐园计划：一个美好的儿童科学童话世界创作工程

3.1 星岛乐园之叮咚和闪亮科学童话创作项目

3.2 星岛乐园之叮咚和闪亮科学童话课创作项目

四、乐土城计划：我们的世界科学艺术创作工程

4.1 关关：我有一只霸王龙科学童话世界创作项目

4.2 关关：我有一个动物园科学漫画世界创作项目

4.3 十二生肖科学童话世界创作项目

五、劳动者计划：用科学艺术表达人类生产活动的创作工程

5.1 常见粮食作物科学艺术创作项目

5.2 常见水果科学艺术创作项目

5.3 常见蔬菜科学艺术创作项目

5.4 劳动与创造——基于人类生产活动过程与结果展开的科学艺术创作项目

六、大河计划：人类文明史艺术创作工程

6.1 用科学艺术视角呈现人类文明史上代表性思想家生命形象的创作项目

6.2 用科学艺术视角呈现自然景观与人类文化遗产——以泰山为例的创作项目

6.3 用科学艺术视角呈现地理景观与生命现象——以非洲区域坦桑尼亚为例的创作项目

6.4 用科学艺术视角呈现人造景观与自然环境——以北京地区代表性人文景观为例的创作项目

版权提供

contact@pnso.org

版权运营

contact@yiniao.org

运营团队

编辑制作：西安益鸟时代文化传媒有限公司
总 编 辑：赵雅婷 / 责任编辑：孙金蕾
设计总监：陈 超 / 排版设计：沈 康 杨岩周

版权信息

图书在版编目（CIP）数据

水怪的秘密 / 赵闯绘；杨杨文 . -- 昆明：云南美术出版社，2018.11
（PNSO 儿童百科全书）
ISBN 978-7-5489-3468-4

Ⅰ . ①水… Ⅱ . ①赵… ②杨… Ⅲ . ①水生动物 – 儿童读物 Ⅳ . ① Q958.8-49

中国版本图书馆 CIP 数据核字 (2018) 第 254041 号

PNSO儿童百科全书
水怪的秘密

赵闯 / 绘
杨杨 / 文

出 版 人：李 维 刘大伟
责任编辑：梁 媛 汤 彦
责任校对：李 平
版式设计：益鸟科学艺术

出版发行：云南出版集团
云南美术出版社（昆明市环城西路 609 号）
制版印刷：北京盛通印刷股份有限公司
开 本：965mm×635mm 1/12
印 张：16
版 次：2018 年 11 月第 1 版
印 次：2018 年 11 月第 1 次印刷
印 数：1—20000 册
书 号：ISBN 978-7-5489-3468-4
定 价：148.00 元

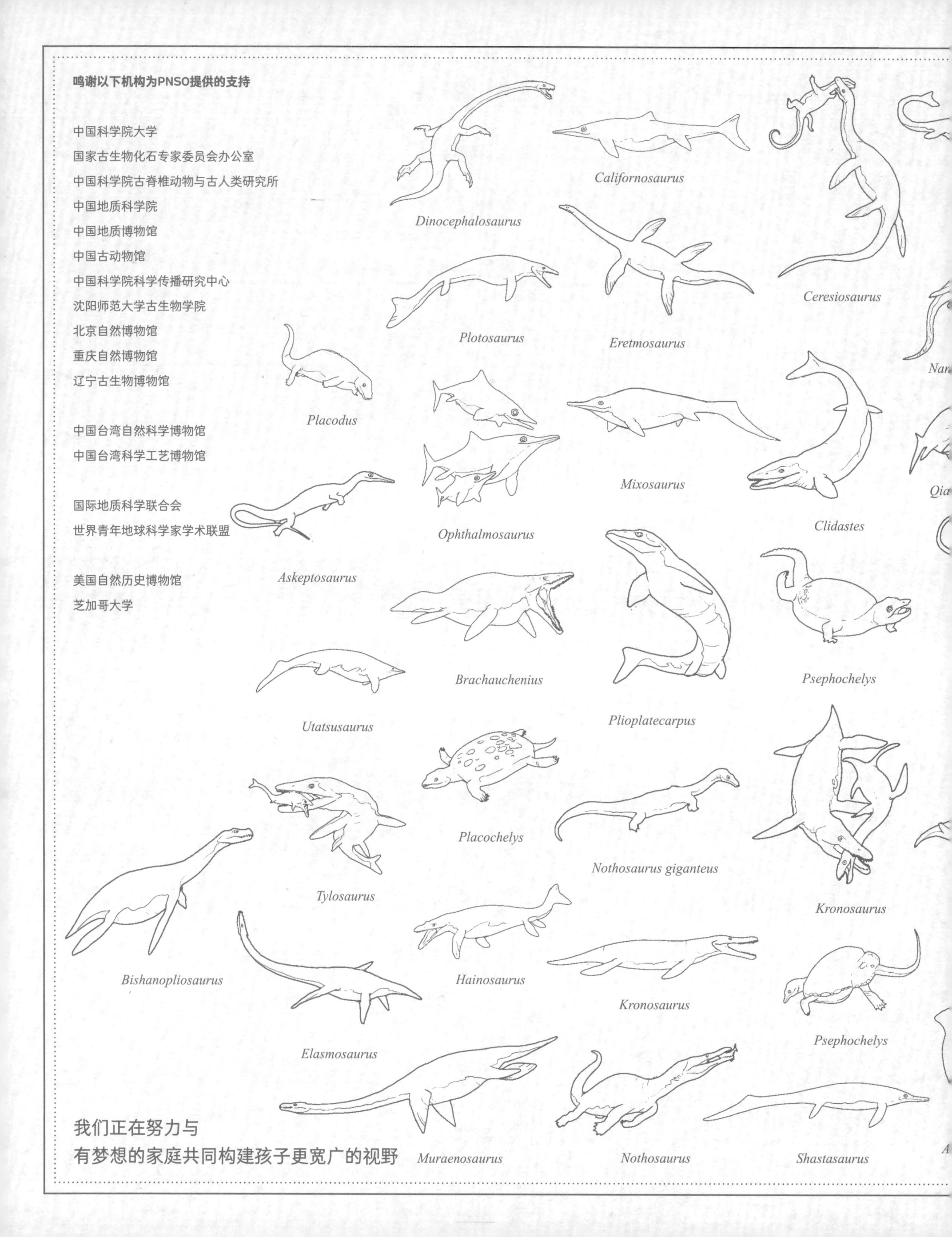

鸣谢以下机构为PNSO提供的支持

中国科学院大学
国家古生物化石专家委员会办公室
中国科学院古脊椎动物与古人类研究所
中国地质科学院
中国地质博物馆
中国古动物馆
中国科学院科学传播研究中心
沈阳师范大学古生物学院
北京自然博物馆
重庆自然博物馆
辽宁古生物博物馆

中国台湾自然科学博物馆
中国台湾科学工艺博物馆

国际地质科学联合会
世界青年地球科学家学术联盟

美国自然历史博物馆
芝加哥大学

我们正在努力与
有梦想的家庭共同构建孩子更宽广的视野